Wissenschaftliche Reihe
Fahrzeugtechnik Universität Stuttgart

Herausgegeben von
M. Bargende, Stuttgart, Deutschland
H.-C. Reuss, Stuttgart, Deutschland
J. Wiedemann, Stuttgart, Deutschland

Das Institut für Verbrennungsmotoren und Kraftfahrwesen (IVK) an der Universität Stuttgart erforscht, entwickelt, appliziert und erprobt, in enger Zusammenarbeit mit der Industrie, Elemente bzw. Technologien aus dem Bereich moderner Fahrzeugkonzepte. Das Institut gliedert sich in die drei Bereiche Kraftfahrwesen, Fahrzeugantriebe und Kraftfahrzeug-Mechatronik. Aufgabe dieser Bereiche ist die Ausarbeitung des Themengebietes im Prüfstandsbetrieb, in Theorie und Simulation. Schwerpunkte des Kraftfahrwesens sind hierbei die Aerodynamik, Akustik (NVH), Fahrdynamik und Fahrermodellierung, Leichtbau, Sicherheit, Kraftübertragung sowie Energie und Thermomanagement – auch in Verbindung mit hybriden und batterieelektrischen Fahrzeugkonzepten.

Der Bereich Fahrzeugantriebe widmet sich den Themen Brennverfahrensentwicklung einschließlich Regelungs- und Steuerungskonzeptionen bei zugleich minimierten Emissionen, komplexe Abgasnachbehandlung, Aufladesysteme und -strategien, Hybridsysteme und Betriebsstrategien sowie mechanisch-akustischen Fragestellungen.

Themen der Kraftfahrzeug-Mechatronik sind die Antriebsstrangregelung/Hybride, Elektromobilität, Bordnetz und Energiemanagement, Funktions- und Softwareentwicklung sowie Test und Diagnose.

Die Erfüllung dieser Aufgaben wird prüfstandsseitig neben vielem anderen unterstützt durch 19 Motorenprüfstände, zwei Rollenprüfstände, einen 1:1-Fahrsimulator, einen Antriebsstrangprüfstand, einen Thermowindkanal sowie einen 1:1-Aeroakustikwindkanal.

Die wissenschaftliche Reihe „Fahrzeugtechnik Universität Stuttgart" präsentiert über die am Institut entstandenen Promotionen die hervorragenden Arbeitsergebnisse der Forschungstätigkeiten am IVK.

Herausgegeben von
Prof. Dr.-Ing. Michael Bargende
Lehrstuhl Fahrzeugantriebe,
Institut für Verbrennungsmotoren und
Kraftfahrwesen, Universität Stuttgart
Stuttgart, Deutschland

Prof. Dr.-Ing. Jochen Wiedemann
Lehrstuhl Kraftfahrwesen,
Institut für Verbrennungsmotoren und
Kraftfahrwesen, Universität Stuttgart
Stuttgart, Deutschland

Prof. Dr.-Ing. Hans-Christian Reuss
Lehrstuhl Kraftfahrzeugmechatronik,
Institut für Verbrennungsmotoren und
Kraftfahrwesen, Universität Stuttgart
Stuttgart, Deutschland

Nikolaus Held

Zylinderdruckbasierte Regelkonzepte für Sonderbrennverfahren bei Pkw-Dieselmotoren

 Springer Vieweg

Nikolaus Held
Stuttgart, Deutschland

Zugl.: Dissertation Universität Stuttgart, 2016

D93

Wissenschaftliche Reihe Fahrzeugtechnik Universität Stuttgart
ISBN 978-3-658-17585-6   ISBN 978-3-658-17586-3   (eBook)
DOI 10.1007/978-3-658-17586-3

Die Deutsche Nationalbibliothek verzeichnet diese Publikation in der Deutschen National-
bibliografie; detaillierte bibliografische Daten sind im Internet über http://dnb.d-nb.de abrufbar.

Springer Vieweg
© Springer Fachmedien Wiesbaden GmbH 2017

Gedruckt auf säurefreiem und chlorfrei gebleichtem Papier

Springer Vieweg ist Teil von Springer Nature
Die eingetragene Gesellschaft ist Springer Fachmedien Wiesbaden GmbH
Die Anschrift der Gesellschaft ist: Abraham-Lincoln-Str. 46, 65189 Wiesbaden, Germany

Vorwort

Die vorliegende Arbeit entstand während meiner dreijährigen Tätigkeit als Doktorand der Universität Stuttgart in der PKW Dieselmotorenentwicklung der Daimler AG in Sindelfingen unter der wissenschaftlichen Leitung von Herrn Prof. Dr.-Ing. M. Bargende.

Mein besonderer Dank gilt Herrn Prof. Dr.-Ing. M. Bargende für die hervorragende wissenschaftliche Betreuung dieser Arbeit. Durch seinen fachlichen Rat und seine Unterstützung konnte diese Arbeit überhaupt erst entstehen.

Herrn Prof. Dr. sc. techn. T. Koch danke ich für sein Interesse sowie die Übernahme des Koreferats.

Besonders bedanken möchte ich mich bei meinen Vorgesetzten Herrn Dr. F. Duvinage sowie Herrn T. Betz für deren Unterstützung und die ausgezeichneten Rahmenbedingungen, welche maßgeblich zum Gelingen dieser Arbeit beigetragen haben.

Großer Dank gilt allen Kolleginnen und Kollegen, für ein angenehmes Arbeitsklima, die große Unterstützung und die zahlreichen Diskussionen. An dieser Stelle gilt mein besonderer Dank Herrn Dr.-Ing. C. Barba, Herrn M. Bertelmann, Herrn M. Bröckelmann, Herrn C. Kawetzki, Herrn Z. Marenic, Herrn A. Roll, Herrn Dr.-Ing. T. Steinhilber, Herrn S. Binder, Herrn W. Mayer, Herrn C. Dengler, Herrn Dr.-Ing. S. Espig. Ebenfalls danken möchte ich den Studenten E. Kaya, A. Dönmez und A. Zimmerer, die durch ihr großes Engagement in vielfältiger Weise zum Gelingen dieser Arbeit beigetragen haben.

Nicht zuletzt möchte ich mich herzlich bei meiner Familie, speziell meinen Eltern und meinem Bruder, für die stets motivierenden Worte, die große Unterstützung und Geduld bedanken.

Stuttgart   Nikolaus Held

Inhaltsverzeichnis

Abbildungsverzeichnis

Tabellenverzeichnis

Abkürzungsverzeichnis

T_{135} Gastemperatur kurz vor Öffnen der Auslassventile
3D   dreidimensional

AGR   Abgasrückführung
ASP   Arbeitsspiel
AÖ   Auslassventil öffnet

BV   Brennverfahren

CAN   Controller Area Network
CFD   Computational Fluid Dynamics
CRT   Continuously Regeneration Trap

DOC   Diesel Oxidation Catalyst
DPF   Diesel Particulate Filter
DPF-Rgn   DPF-Regenerationsbrennverfahren
DVA   Druckverlaufsanalyse

EKAS   Einlasskanalabschaltung
ES   Einlassventil schließt
ETK   Emulator Tastkopf
EVI   Einspritzverlaufsindikator

FI^{2RE} flexible injection and ignition for rapid engineering
FKFS   Forschungsinstitut für Kraftfahrzeuge und Fahrzeugmotoren Stuttgart

HBV   Heizbrennverfahren

IVK   Institut für Verbrennungsmotoren und Kraftfahrwesen

LLK   Ladeluftkühler
Loff   HC-Light-off-Brennverfahren

MFA   Mercedes Frontwheel Drive Architecture
MSG   Motorsteuergerät

NRM	Normalbrennverfahren
NSC	NO_x Storage Catalyst

OT	oberer Totpunkt

PEMS	Portable Emissions Measurement System
Pkw	Personenkraftwagen

RDE	Real Driving Emissions
RPC	Rapid Prototyping Control
RTS 50%	Random Norm
RTS 5%	Random Soft
RTS 95%	Random Agressive

SCR	Selective Catalytic Reduction

TRA	thermodynamic real-time analysis

UT	unterer Totpunkt

WLTP	Worldwide Harmonized Light Vehicles Test Procedures

ZOT	oberer Zündtotpunkt
ZOT	oberer Totpunkt des Arbeitstaktes
ZZP	Zündzeitpunkt

Symbolverzeichnis

Griechische Buchstaben

α	Wärmeübergangskoeffizient	$W/m^2\,K$
Δ	Verbrennungsterm	-
ε_{Diss}	Dissipationsterm	-
η	Wirkungsgrad	-
η_{th}	thermischer Wirkungsgrad	-
η_v	dynamische Viskosität	kg/m/s
κ	Isentropenexponent	-
λ	Luftverhältnis	-
λ_c	Wärmeleitfähigkeit	W/m/K
λ_L	Liefergrad	-
μ	mittlere Abweichung	-
ν_v	kinematische Viskosität	m^2/K
ϕ	Kurbelwellenwinkel	°KW
Π	Druckverhältnis	-
ψ	Durchflussfunktion	-
$\mathfrak{R}$	universelle Gaskonstante	J/kg/mol
ρ	Dichte	kg/m^3
σ	Standardabweichung	-
τ	Zeitkonstante eines PT_1-Gliedes	s
ν	stöchiometrischer Koeffizient	-
φ	Kurbelwinkel	°KW
φ_{MI}	hydraulischer Ansteuerbeginn der MI	°KW
φ_{PoI1}	hydraulischer Ansteuerbeginn der PoI1	°KW
ζ	Verbrennungsterm der Polytropenexponentenapproximation	-

Indizes

L_F	Frischluft
A	Auslass
a	axial
ab	abgeführt
Abg	Abgas
AÖ	Auslassventil öffnet
B	Brennstoff

D	Drall
E	Einlass
eff	effektiv
EHV	Ende Hauptverbrennungsphase
ES	Einlassventil schließt
EV	Einlassventil
ext	extern
FF	Feed Forward
geom	geometrisch
ges	gesamt
h	Hub
HD	Hochdruck
HV	Hauptverbrennungsphase
i	Zählindex
in	innen
ind	indiziert
int	intern
k	Kolben
Kr	Krümmer
krit	kritisch
KW	Kühlwasser
L	Leckage
m	Mittelwert
max	maximal
mech	Mechanisch
MI	Haupteinspritzung
Mot	Motor
Mulde	Kolbenmulde
n	Nulllinie
ND	Niederdruck
norm	normiert
NV	Nachverbrennungsphase
o	ohne
OT	oberer Totpunkt
p	isobar
PI	Voreinspritzungen zusammengefasst
PI1	frühe Voreinspritzung
PI2	angelagerte Voreinspritzung
PoI1	angelagerte Nacheinspritzung
PoI2	späte Nacheinspritzung

Q	Quetschströmung	
R	Restgas	
r	radial	
S	Sensor	
SR	Saugrohr	
stat	stationär	
t	technisch	
theo	theoretisch	
u	Umfang	
UT	unterer Totpunkt	
v	isochor	
Var	Variation	
W	Wand	
Z	Zylinder	

Lateinische Buchstaben

A	Fläche	m^2
$T_{A\ddot{O}}$	Brennraumtemperatur kurz vor Öffnen der Auslassventile	K
a_x	Koeffizienten des rationalen Polynoms mit begrenzten Wechselwirkungen	-
[A], [B], [C],...	Konzentrationen der Edukte	-
C	Konstante	-
$\tilde{C}^0$	molare Wärmekapazität	J/mol/K
c_a	Axialgeschwindigkeit	m/s
C_{Drall}	Drallströmungskoeffizient	-
C_{Diss}	Dissipationskoeffizient	-
C_k	Koeffizient der spezifischen kinetischen Energie bei ES	-
c_k	momentane Kolbengeschwindigkeit	m/s
c_m	mittlere Kolbengeschwindigkeit	m/s
c_p	spezifische isobare Wärmekapazität	J/kg/K
$C_{Quetsch}$	Quetschströmungskoeffizient	-
c_t	turbulente Geschwindigkeit	m/s
c_u	Umfangsgeschwindigkeit	m/s
c_v	spezifische isochore Wärmekapazität	J/kg/K
d	Durchmesser	m
d_{EV}	Einlassventildurchmesser	m
[D], [E], [F],...	Konzentrationen der Produkte	-

$\delta_{P_{mi,Po1}}$	auf die Nacheinspritzmasse bezogene Erhöhung des indizierten Mitteldruckes	bar/mg
$\Delta \tilde{T}_{3,NV}$	absoluter Anteil der Nachverbrennung an der Abgastemperatur vor Turbineneintritt	K
$\delta_{\tilde{T}_{3,Po1}}$	auf die Nacheinspritzmasse bezogene Erhöhung der Abgastemperatur vor Turbineneintritt	K/mg
$D(\mu)$	Wahrscheinlichkeitsdichtefunktion	-
E_a	Aktivierungsenergie	J/mol
E_R	Einspritzrate	$mm^3/°KW$
$\tilde{G}$	freie Reaktionsenthalpie	J/mol
$\tilde{G}^0$	molare Gibbs Energie	J/mol
H	Enthalpie	J
h	spezifische Enthalpie	J/kg
$\tilde{H}^0$	molare Enthalpie	kJ/mol
$H_{70_{HV}}$	Lage bei 70% Umsatz der Hauptverbrennung	°KW
h_{EV}	maximaler Einlassventilhub	m
$\tilde{H}^0_{T_0}$	molare Standardbildungsenthalpie	kJ/mol
H_u	unterer Heizwert des Brennstoffes	J/kg
h_v	aktueller Ventilhub	m
H_x	Umsatzpunktlage bei x [%] des Gesamtumsatzes	°KW
Inj	Spannungsverlauf des Einspritzsystems	V
k	spezifische kinetische Energie	J/kg
K^c	molare Gleichgewichtskonstante	-
Q_H	integraler Heizverlauf	J
R_{th}	thermischer Ersatzleitkoeffizient	$W/m^2/K$
$k^{(f)}$	Geschwindigkeitskoeffizient der Hinreaktion	-
K^p	Gleichgewichtskonstante der Partialdrücke	-
$k^{(r)}$	Geschwindigkeitskoeffizient der Rückreaktion	-
K_i	integrale Verstärkung	-
K_p	proportionale Verstärkung	-
k_s	Verstärkungsfaktor eines PT_1-Gliedes	-
L	charakteristische Länge	m
M	Molmasse	kg/mol
m	Masse	kg
$m_{cor,MI}$	Korrekturmasse der Haupteinspritzung	mg

$m_{cor,PoI1}$	Korrekturmasse der angelagerten Nacheinspritzung	mg
N	Atomzahl	-
n	Stoffmenge	mol
n_{EV}	Einlassventilanzahl	-
n_{Mot}	Drehzahl	min^{-1}
n_{Poly}	Polytropenexponent	-
Nu	Nusseltzahl	-
P	Produktionsterm	-
p	Druck	bar
$p_{2,nLLK}$	Druck nach Drosselklappe	bar
$p_{2,vLLK}$	Druck vor Ladeluftkühler	bar
p_1	Druck nach Luftmassenmesser	bar
p_3	Druck vor Turbine	bar
Pr	Prandtlzahl	-
Q	Wärme	J
Q_B	Summenbrennverlauf	J
Q_V	Verdampfungswärme	J
R	individuelle Gaskonstante	J/kg/K
R^2	Bestimmtheitsmaß	-
Re	Reynoldszahl	-
S	Entropie	J/K
s_{Mulde}	maximale Muldentiefe	m
T	Temperatur	K
t	Zeit	s
$T_{2,nLLK}$	Temperatur nach Ladeluftkühler	K
$T_{2,vLLK}$	Temperatur vor Ladeluftkühler	K
T_1	Temperatur nach Luftmassenmesser	K
T_3	Abgastemperatur vor Turbineneintritt	K
$\hat{T}_3$	modellierte Abgastemperatur vor Turbineneintritt	K
T_6	Temperatur nach DPF	K
T_{HD-AGR}	Temperatur in der HD-AGR Leitung	K
T_{nDOC}	Abgastemperatur nach DOC	K
T_{uv}	Gastemperatur im Unverbrannten	K
T_v	Gastemperatur im Verbrannten	K
T_{vDOC}	Abgastemperatur vor DOC	K
U	innere Energie	J
u	spezifische innere Energie	J/kg
$\tilde{u}_x$	normierte Eingangsgrößen	-

V	Volumen	cm^3
V_c	Kompressionsvolumen	m^3
v	Geschwindigkeit	km/h
W	Arbeit	J
w	wärmeübergangsrelevante Geschwindigkeit	m/s
X	Stoffmengenanteil	-
X^B	normierter Summenbrennverlauf	-
$X_{p_{mi},NV}$	relativer Anteil der Nachverbrennung am indizierten Mitteldruck	-
x_{T_3}	Regelabweichung Temperatur vor Turbineneintritt	K
$X_{T_{A\ddot{O}},NV}$	relativer Anteil der Nachverbrennung an der Brennraumtemperatur kurz vor Öffnen der Auslassventile	-
Y	Massenanteil der Komponente	-
Y_{MI}	Anteil der Haupteinspritzung am Gesamtumsatz	-
Y_{PI}	Anteil der Voreinspritzungen am Gesamtumsatz	-
$Y_{PI_{HV}}$	Anteil der Voreinspritzungen an der Hauptverbrennung	-
Y_{PoI1}	Anteil der Nacheinspritzung am Gesamtumsatz	-
$\hat{y}$	modellierte Ausgangsgröße	K

Kurzfassung

In der vorliegenden Arbeit werden zwei unterschiedliche Ansätze für eine Zylinderdruck basierte Regelung der Verbrennung von Sonderbrennverfahren vorgestellt. Die Regelkonzepte werden exemplarisch bei der Dieselpartikelfilterregeneration untersucht und mit dem gesteuerten Einspritzmanagement, welches den aktuellen Stand der Technik darstellt, verglichen.

Ausgangspunkt für die Konzipierung der Zylinderdruck basierten Regelungen ist die thermodynamische Beschreibung des Motorprozesses mit Hilfe der Druckverlaufsanalyse. Sie dient als Referenz für die vereinfachten Modelle dieser Arbeit, weswegen deren physikalischen Grundlagen erläutert werden. Basierend auf der chemischen Gleichgewichtsrechnung wird die Zusammensetzung des Arbeitsgases, respektive die Konzentrationen der beteiligten Komponenten, ermittelt. Die kalorischen Stoffeigenschaften werden aus denen der einzelnen Spezies über Mischungsgleichungen mit Hilfe des Komponentenansatzes bestimmt. Für eine echtzeitfähige Beurteilung des Motorprozesses und als Basis für die Verbrennungsregelung wird der Heizverlauf als erste Näherung des Brennverlaufes verwendet. So werden aus diesem, wie auch direkt aus dem Zylinderdruck, charakteristische Verbrennungskennwerte hergeleitet.

Exemplarisch für die Sonderbrennverfahren heutiger Dieselmotoren werden ein Heizbrennverfahren, die Partikelfilterregeneration und ein HC-Light-off-Brennverfahren vorgestellt. Diese werden hinsichtlich ihrer Einsatzzwecke beschrieben und deren Differenzen zum Normalbrennverfahren anhand der unterschiedlichen Einspritzstrategien und mit Hilfe von Druckverlaufsanalysen aufgezeigt. Zur Analyse der Brennverfahrensstrategie, respektive des Brennstoffmassenumsatzes, wird der Wärmekraftprozess der Sonderbrennverfahren mit einem dreifachen Seiligerprozess approximiert. Anhand von Parametervariationen bei der Kreisprozessrechnung wird der Einfluss unterschiedlicher Varianten der Wärmezufuhr auf den thermodynamischen Prozess verdeutlicht.

Es wird der für sämtliche Untersuchungen in dieser Arbeit verwendete 4-Zylinder Pkw-Dieselmotor vorgestellt. Das Versuchsaggregat wird zusätzlich mit einer umfangreichen Funktionsentwicklungsumgebung ausgestattet. Dieses beinhaltet ein flexibel programmierbares Motorsteuergerät zur echtzeitfähigen Erfassung und Verarbeitung der Brennraumdruckverläufe, auf welchem die anschließend entwickelten Algorithmen zur Ermittlung charakteristischer Verbrennungsmerkmale programmiert werden. Komplettiert wird die Funktionsentwicklungsumgebung durch ein Prototyping- und Schnittstellenmodul, auf welchem die folgend entworfenen Regelstrukturen implementiert werden. Dieses stellt neben den aus den Verbrennungsmerkmalen und weiteren Steuergerätegrößen ermittelten Regeleingriffen zusätzlich eine Bypass-Kommunikation zum Motorsteuergerät her.

Stellvertretend für die vorgestellten Sonderbrennverfahren wird bei der Partikelfilterregeneration eine Zylinderdruck basierte Regelung der Verbrennung entworfen, welche sich auf die weiteren Betriebsarten übertragen lässt. Zur Regelung der Verbrennungslage und der Verbrennungsform wird der Kraftstoffmassenumsatz, respektive der normierte, integrale Heizverlauf in eine Haupt- und eine Nachverbrennungsphase unterteilt. Für die Hauptverbrennungsphase werden die beiden Regelgrößen Umsatzlage und Anteil des Voreinspritzumsatzes an der Hauptverbrennung ermittelt. Die Funktionsweise der Regelung wird sowohl im stationären als auch transienten Motorbetrieb erprobt und mit dem gesteuerten Basisbetrieb verglichen. Es zeigt sich eine deutliche Steigerung der Verbrennungsstabilität im geregelten Betrieb. Weiter wird das Potential der vorgestellten Verbrennungsregelung zur Optimierung der Verbrennung anhand von Lastrampen und einem doppelten NEFZ ausgewiesen.

Motivation für den Entwurf einer modellbasierten Verbrennungsregelung ist ein ausgeprägtes Tiefpassverhalten der Temperatursensoren, die nach heutigem Stand der Technik als Rückkopplung für die Abgastemperaturregelung dienen. Auf Basis des Zylinderdruckes wird die Temperatur vor der Turbine mit einem halbempirischen Ansatz modelliert, welche eine höhere Dynamik als der verbaute Serientemperatursensor besitzt. Mit Hilfe der thermischen Zustandsgleichung wird in einem ersten Schritt die mittlere Temperatur des Rauchgases im Brennraum kurz vor dem Öffnen der Auslassventile ermittelt. Ein rationales Polynom mit begrenzten Wechselwirkungen, dessen Modellparameter mittels Regressionsanalyse geschätzt werden, und ein vereinfachtes Wandmodell beschreiben die Temperaturänderung des Gases vom Brennraumauslass bis hin zum Turbineneintritt. Als Referenz für die vereinfachten Modellannahmen dient die Druckverlaufsanalyse. Anhand stationärer und transienter Testdaten wird das Abgastemperaturmodell erprobt. Weiter wird die Expansion des Verbrennungszyklus analysiert und ein Ansatz für eine Approximation des Polytropenexponenten vorgestellt. Auf dieser Basis wird ein virtueller Druckverlauf ohne Nachverbrennung modelliert, mit Hilfe dessen der Einfluss der Nacheinspritzung auf den indizierten Mitteldruck und die Abgastemperatur ermittelt werden kann. Die Modellinformationen werden zusammengeführt und auf Grundlage dieser die Abgastemperatur über eine Korrektur der Haupt- und Nacheinspritzmassen geregelt. Die modellbasierte Abgastemperaturregelung wird abschließend im stationären und transienten Motorbetrieb erprobt.

Abstract

Within this publication, two different approaches of cylinder pressure based combustion controls for special combustion modes are discussed. These concepts are exemplarily analysed in Diesel particulate filter regeneration and are compared with the current state of the art open loop injection control management.

Starting point for the design of the cylinder pressure based control is a detailed thermodynamic description of the combustion progress. The pressure trace analysis serves as a reference for the simplified models in this publication. So its physical fundamentals for „recalculation" of combustion from the indicated pressure curve are likely to be explained. Based on the chemical equilibrium calculation, the composition of the combustion gas is considered. The caloric properties of the combustion gas mixture are determined from those of the individual species over mix equations using the component approach. For a real-time assessment and as a basis for combustion control, the heat release calculation is used as a first approximation of the combustion process. Thus, characteristic combustion parameters are derived from this, as well as directly from the indicated cylinder pressure.

A Rapid Heat Up combustion mode, a particulate filter regeneration and a HC Light-off combustion mode are presented as examples for the special combustion modes of today's Diesel engines. These are described in terms of their purposes. Their differences against the conventional combustion mode are identified with the aid of thermodynamic analyses. Regarding the analysis of combustion calibration strategy, the energy release of the special combustion modes is approximated with a triple Seiliger-process. Based on parameter variations in this cyclic process, the influence of different variants of heat supply on the thermodynamic process in the combustion chamber is clarified.

For all studies in this work, a 4-cylinder Diesel engine from a passenger car is used. The test engine is equipped additionally with an extensive rapid control prototyping system. This includes a flexible, programmable engine control unit for a real-time detection and processing of the combustion chamber pressure. On this control unit, the developed algorithms for determining characteristic combustion parameters are implemented. The development system is completed by a prototyping and interface module on which the designed control structures are implemented. Besides the determined control interventions, based on the characteristic combustion parameters and other values, it provides additionally a bypass communication to the motor control unit.

Representing the introduced special combustion modes, the cylinder pressure based combustion control is designed in particulate filter regeneration and thus can be applied to the other combustion modes. To control the location and shape of the combustion, the integrated and normalised heat release is subdevided into a main and a post combustion phase. For the main combustion phase, the location of 70 percent fuel mass fraction burned and the amount of pre combustion energy are determined as control parameters. The performance of the combustion control is tested in steady state as well as in transient engine operation mode. Further, it is compared with the state of the art open loop injection management. It proves a significant increase in combustion stability in the controlled operation. Further, the potential of the introduced cylinder pressure based control to optimize the combustion is shown on the basis of load ramps and a double NEDC.

The motivation for designing a model based combustion control is a distinct low pass behaviour of the temperature sensors, which serve as the feedback for today's exhaust gas temperature controls. Based on the cylinder pressure, the temperature upstream of the turbine is modeled with a semi-empirical approach that has a greater dynamic than the equipped temperature sensors. With the help of the thermal equation of state, the mean temperature of the exhaust gas in the combustion chamber is determined just before opening of the valves. A rational polynomial with limited interactions and a simplified wall model describe the gas temperature changes from the exhaust ports up towards the turbine inlet. The model parameters are estimated with the help of regression analyses. As a reference for the simplified model assumptions, the pressure trace analysis is used. The exhaust gas temperature model is tested on the basis of steady state and transient test data. Furthermore, the expansion of the combustion cycle is analysed and an approach for an approximation of the polytropic exponent is presented. On this basis a virtual pressure curve is modeled, by means of which the influence of the post injection to the indicated mean pressure and the exhaust gas temperature can be determined. The model information is brought together and on its basis the exhaust gas temperature is controlled by corrections of the main and the post injection masses. The model based exhaust gas temperature control is finally tested in steady state and transient engine operation.

1 Einleitung

Die stetige Verschärfung der weltweiten Emissionsgesetzgebung macht auch weiterhin eine ganzheitliche Systemoptimierung des Verbrennungsmotors und seiner Abgasnachbehandlungskomponenten erforderlich. Um neben der Einhaltung zukünftiger Emissionsgrenzwerte zusätzlich eine Verringerung des Verbrauches erzielen zu können, gewinnt ein optimales Zusammenspiel aus Brennverfahren und Abgasnachbehandlungssystemen mehr und mehr an Bedeutung. Gleichzeitig führen neue Testprozeduren wie WLTP (Worldwide Harmonized Light Vehicles Test Procedures), RDE (Real Driving Emissions) und PEMS (Portable Emissions Measurement System) zu einer wachsenden Komplexität des Gesamtsystems Motor und Abgasnachbehandlung, da die Emissionen und der Verbrauch über den kompletten Betriebsbereich des Motors verringert werden müssen.

Zur Einhaltung der Abgasgrenzwerte werden bei Dieselmotoren aktuell wie auch künftig Kombinationen aus unterschiedlichen Abgasnachbehandlungskomponenten verbaut werden. Als Basis der eingesetzten Systeme hat sich der DPF (Diesel Particulate Filter) etabliert, mit welchem sich die emitierten Partikel bis auf ein Minimum reduzieren lassen. Neben diesem kommen je nach Anforderung unterschiedliche Katalysatoren wie ein DOC (Diesel Oxidation Catalyst), ein NSC (NO_x Storage Catalyst) und ein SCR (Selective Catalytic Reduction) entweder einzeln oder in kombinierter Anordnung zum Einsatz.

Um dauerhaft einen optimalen Betrieb der Abgasnachbehandlungssysteme sicherzustellen, bedarf es diverser Sonderbrennverfahren, welche sich teilweise deutlich von der Grundbetriebsart unterscheiden und zunehmend die Komplexität der elektronischen Motorsteuerung steigern. Gemeinsamkeit bei diesen Sonderbrennverfahren ist für gewöhnlich die Forderung nach erhöhten Abgastemperaturen. So werden beim Kaltstart des Motors oder bei der Regeneration des DPF beispielsweise die Einspritzstrategien verändert, um die Katalysatoren schnellstmöglich auf deren optimale Betriebstemperaturen zu erhitzen beziehungsweise den Filter zu regenerieren. In diesem Zusammenhang stellt das durch die Effizienzsteigerung der Motoren sinkende Abgastemperaturniveau eine zusätzliche Erschwernis bei der Entwicklung künftiger Abgasnachbehandlungssysteme dar, weswegen es gilt die Sonderbrennverfahren zu optimieren.

Neue Ansätze zur Brennverfahrensoptimierung ergeben sich durch die Weiterentwicklungen bei der Zylinderdrucksensorik, welche durch eine deutliche Kostenreduzierung und Steigerung der Sensorrobustheit einen Serieneinsatz ermöglichen. Mit Hilfe der Brennraumdruckindizierung ist es möglich, den Verbrennungsvorgang zylinderindividuell in Echtzeit zu analysieren und über eine Regelung zu beeinflussen. Im Gegensatz zur herkömmlichen gesteuerten Verbrennung ohne Zylinderdrucksensorik lassen sich mit den Informationen über den Verbrennungsprozess beispielsweise variierende Kraftstoffqualitäten und Verbrennungsschwankungen detektieren sowie Ansätze für eine modellbasierte Regelung der Verbrennung realisieren. Eine zusätzliche Motivation für den Einsatz einer Zylinderdruck basierten Überwachung und Regelung ist die teilweise grenzwertige Verbrennungsstabilität heutiger Sonderbrennverfahren infolge ihrer Auslegung mit einem geringen Toleranzabstand zur Aussetzergrenze.

Ziel der vorliegenden Arbeit ist es, eine Zylinderdruck basierte Regelung der Verbrennung von Sonderbrennverfahren eines seriennahen Pkw-Dieselmotors zu konzipieren und zu erproben, um deren Potential für die Brennverfahrensoptimierung aufzuzeigen. Die entwickelten Ansätze werden exemplarisch bei der DPF-Regenerationsverbrennung getestet und diskutiert, sind jedoch auf die weiteren Sonderbrennverfahren übertragbar.

2 Stand der Technik

Wie einleitend beschrieben, zeigen die Entwicklungen der letzten Jahre auf dem Gebiet der Zylinderdrucksensorik, dass ein Serieneinsatz möglich ist. So finden bereits heute unterschiedliche Zylinderdruck basierte Regelkonzepte Anwendung in der elektronischen Motorsteuerung von Serienmotoren, wenngleich dies immer noch eine Seltenheit darstellt. Wie in [27] und [28] vorgestellt, bietet beispielsweise Volkswagen seit Mitte 2008 in den USA einen 2,0-l-Dieselmotor mit zylinderindividueller Druckerfassung zur Regelung des indizierten Momentes und der Verbrennungsschwerpunktlage an, um auch bei unterschiedlichen Kraftstoffqualitäten Bin5-Emissionsgrenzwerte einzuhalten. In [74] wird von General Motors ein 2,0-l-Biturbodieselmotor mit ebenfalls einer Zylinderdruck basierten Regelung der Verbrennungsschwerpunktlage vorgestellt. Die zylinderindividuelle Verbrennungsregelung dient bei diesem Motor, welcher seit Anfang 2012 in Serienfahrzeugen verbaut wird, zur Stabilisierung einer teilhomogenen Verbrennung im Teillastbereich. In [53] stellt General Motors eine Zylinderdruck basierte Verbrennungsregelung für einen Ottomotor vor, um den Einfluss von Alterungseffekten und fertigungsbedingten Toleranzen auf die Verbrennung zu kompensieren. Während sich die Automobilhersteller mit Publikationen von Arbeiten zur Zylinderdruck basierten Motorsteuerung relativ bedeckt halten, wurden von Hochschulen, Zulieferern und Entwicklungsdienstleistern jedoch diverse Arbeiten veröffentlicht.

Das Potential einer Verbrennungsregelung zur Kompensation des Kraftstoffeinflusses auf die Verbrennung wird in [65] diskutiert. Das vorgestellte Konzept wird an zwei in den USA erhältlichen Kraftstoffen von unterschiedlicher Qualität untersucht und umfasst zwei getrennte Regelstrukturen. Mit Hilfe des Ansteuerbeginnes und der Masse der Voreinspritzung werden der Beginn und der maximale Umsatz der Vorverbrennung geregelt. Aufgrund ihres kleinen Gesamtumsatzes ist die Schwerpunktlage der Pilotverbrennung als Brennbeginn definiert. Die Hauptverbrennung wird über die Schwerpunktlage und die maximale Umsatzrate geregelt. Stellgrößen sind dabei der Ansteuerbeginn der Haupteinspritzung und der Raildruck.

In [39] wird ein Zylinderdruck basiertes Motormanagement vorgestellt, welches als wesentliches Merkmal das aus der Fahrpedalstellung abgeleitete Fahrerwunschmoment nicht über eine rein gesteuerte Strecke sondern über eine Verbrennungsregelung bereitstellt. In zwei voneinander unabhängigen Regelkreisen werden zylinderindividuell der indizierte Mitteldruck und der Verbrennungsbeginn ermittelt, um die bereitgestellte Energie zur Erzeugung des Antriebsmomentes sowie die Verbrennungslage zu regeln.

Ebenfalls auf Basis einer Heizverlaufsberechnung wird in [15] die Verbrennungsschwerpunktlage für die Regelung der Verbrennung eines Nutzfahrzeug-Dieselmotors herangezogen. Diskutiert werden die Ergebnisse anhand einer Simulationsumgebung. Während in GT-Power [23] der Motor modelliert wird, ist die Regelstruktur in Matlab/Simulink umgesetzt.

In [67] wird eine emissionsgeführte Regelung für Nutzfahrzeugmotoren vorgestellt, welches die Einflüsse von Alterungseffekten und Bauteiltoleranzen auf die Emissionen kompensiert. Dabei werden die NO_x- und Partikelrohemissionen über Sensoren erfasst und dem Regelkreis zugeführt. Die Partikelmissionen werden über den Rail- und den Ladedruck und die NO_x-Emissionen über die AGR-Rate und den, aus dem Zylinderdruck berechneten, Verbrennungsschwerpunkt geregelt.

Neben den Publikationen, in welchen unterschiedliche Ansätze zur Zylinderdruck basierten Regelung der Verbrennung vorstellt werden, gibt es eine Vielzahl an Arbeiten, die sich mit der Modellierung physikalischer Größen aus dem gemessenen Zylinderdruck beschäftigen. Ziel dieser Arbeiten ist zumeist die Substitution von Sensoren beziehungsweise die Modellierung von Größen, welche sich nur mit einem großen Aufwand sensieren lassen. Eine häufig aus dem Zylinderdruck berechnete Größe ist die Zylinderfüllung. Mit Hilfe der thermischen Zustandsgleichung und einem adaptiven Kalman-Filter mit Maximum Likelihood Ansatz wird diese in [29] und [30] bei einem Ottomotor ermittelt. Unter Berücksichtigung physikalischer Zusammenhänge wird in [56] die Luftmasse im Brennraum eines Ottomotors anhand des indizierten Zylinderdruckes, der Motordrehzahl und der Saugrohrtemperatur geschätzt. Der vorgestellte Ansatz ermöglicht zusätzlich eine Bestimmung des Luftverhältnisses sowie der Abgasrückführrate, deren Zylinderdruck basierte Modellierung ebenfalls Gegenstand der Untersuchungen in [38] ist. Mit der Füllungserfassung auf Basis des Zylinderdruckes bei einem Dieselmotor beschäftigen sich [45] und [49]. Während die Zylinderfüllung in [49] über Polynomansätze bestimmt wird, stellt [45] eine empirische Modellierung dieser mittels Extended-Kalman-Filter sowie eine physikalische Modellierung anhand eines iterativen Ansatzes zur Substitution des Heißfilmluftmassenmessers vor.

Weitere Arbeiten beschäftigten sich mit einer Zylinderdruck basierten Überwachung unterschiedlicher Größen, um Fehler im System zu erkennen. In [50] wird beispielsweise ein Konzept zur Überwachung der Einspritzmasse und des Einspritzbeginns vorgestellt. Über die Differenz aus einem rekonstruierten Druckverlauf für den Schleppbetrieb und dem gemessenen Druckverlauf im gefeuerten Betrieb werden charakteristische Verbrennungsmerkmale, wie der Schwerpunkt des Differenzdruckverlaufes, der maximale Differenzdruck und Sekanden bei unterschiedlichen Druckniveaus bestimmt. Diese werden über neuronale Netze mit der Einspritzmasse und dem Einspritzbeginn verknüpft. Über den Vergleich mit den korrespondierenden Eingangssignalen lassen sich die Einspritzparameter überwachen und Fehler im Einspritzsystem erkennen.

Zum Entwurf neuer modellbasierter Regelstrategien beschäftigen sich zahlreiche Arbeiten mit der Emissionsmodellierung auf Basis des Zylinderdruckes. So werden in [13] mit Hilfe einer Exponentialfunktion die Partikelrohemissionen zweier Pkw-Dieselmotoren geschätzt. In [42] wird mit Hilfe einer Energiebilanz aus zugeführter Kraftstoffenergie und umgesetzter Energie, welche auf Basis einer neuartigen Heizverlaufsberechnung nach [52] und [70] ermittelt wird, ein Modell zur Schätzung der HC-Emissionen bei einem 9,5-l-Erdgasmotor vorgestellt. Um den Modellfehler bei der konventionellen Heizverlaufsberechnung infolge nicht berücksichtigter Wandwärmeverluste zu minimieren, wird in [52] und [70] der Heizverlauf mit einem variablen, selbst adaptierenden Polytropenexponenten berechnet. Mittels Methode der kleinsten Quadrate wird dieser in der Kompression und der Expansion in Echtzeit bestimmt und während der Verbrennung linear interpoliert.

Trotz der Vielzahl an Veröffentlichungen auf dem Gebiet des Zylinderdruck basierten Managements von Dieselmotoren beschränken sich die dortigen Ansätze lediglich auf Regelstrategien des Luftpfades und der Verbrennung der Grundbetriebsart. Wenngleich sich sogar einige Arbeiten wie [74] mit der Regelung einer teilhomogenen Verbrennung beschäftigen, finden die seit Jahren in Serienmotoren eingesetzten Sonderbrennverfahren der Abgasnachbehandlung noch wenig Beachtung. Eine der wenigen Veröffentlichungen ist der in [63] vorgestellte Ansatz zur Regelung der Partikelfilterregeneration über die modellierte Abgasenthalpie und den indizierten Mitteldruck. Wie einleitend beschrieben, ist es Ziel dieser Arbeit, eine Zylinderdruck basierte Regelung der Verbrennung von Sonderbrennverfahren eines Pkw-Dieselmotors zu entwerfen, welche zu einer Optimierung dieser beiträgt. Aufgrund der unterschiedlichen Randbedingungen stellen die Sonderbrennverfahren neue Anforderungen an eine Zylinderdruck basierte Regelung dar.

3 Modellierung des Motorprozesses

3.1 Grundlagen zur Druckverlaufsanalyse

3.1.1 Zylinderdruckindizierung

Als Indizierung wird die kurbelwinkelaufgelöste Erfassung und Darstellung unterschiedlicher Messgrößen wie die des Zylinder-, Saugrohr- und Abgaskrümmerdruckverlaufes, als auch des Spannungs- und Stromverlaufes des Einspritzsystems bezeichnet [18]. Sie ist eines der wichtigsten Werkzeuge in der Brennverfahrensentwicklung und Grundlage für die Analyse und Berechnung innermotorischer Vorgänge.

Die Aufzeichnung der Druckverläufe, erfolgt in dieser Arbeit mit einer Auflösung von $0,5\,°KW$ durch das Indiziersystem AVL IndiMaster. Infolge überlagerter Störgrößen, wie Signalrauschen und Körperschallanregung, wird das Messsignal mit einem Tiefpassfilter aufbereitet. Für sämtliche Offline Analysen werden die sensierten Druckverläufe, sofern nicht anders vermerkt, aufgrund von Arbeitsspielschwankungen über 100 Arbeitsspiele gemittelt. Weiter erfolgt eine Mittelung der Druckvektoren über alle Zylinder, da Größen wie die Rate des rückgeführten Abgases (AGR-Rate) sowie die Luft- und Kraftstoffmasse nicht zylinderspezifisch erfasst werden.

Unter *Hochdruckindizierung* wird die Messung des Druckverlaufes im Zylinder während der Hochdruckschleife verstanden, auf Basis dessen eine Druckverlaufsanalyse (DVA) durchgeführt werden kann. Primäres Ziel dieser Offline-Analyse ist die Berechnung des Brennverlaufes $dQ_B/d\varphi$. Dieser beschreibt die Umsetzung der chemisch gebundenen Kraftstoffenergie in Wärmeenergie pro Zeiteinheit respektive pro Kurbelwinkel φ. Sämtliche Brennraumdruckverläufe werden im Rahmen dieser Arbeit mit piezoelektrischen Druckaufnehmern vom Typ KIAG 6045A zylinderindividuell indiziert. Prinzip bedingt erfassen piezoelektrische Drucksensoren lediglich Druckdifferenzen, weswegen zusätzlich die Abweichung zum Absolutdruck bestimmt werden muss. Zwei dieser als Nulllinienfindung bekannte Verfahren werden anschließend in Unterabschnitt 3.1.2 beschrieben. Abbildung 3.1 zeigt eine typische Indizierauswertung mit gemessenem Zylinderdruck- p_Z und Spannungsverlauf des Einspritzsystems Inj sowie die mittels einer Druckverlaufsanalyse berechneten differentiellen $dQ_B/d\varphi$ und integralen Brennverläufe Q_B als auch den Temperaturverlauf T_Z im Hochdrucktakt eines Arbeitsspieles. Sämtliche im Rahmen

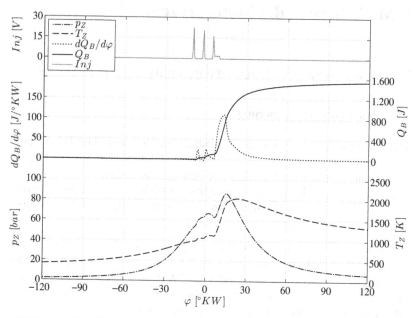

Abbildung 3.1: Indizierauswertung ($n = 1000\ min^{-1}$, $p_{mi} = 11,0\ bar$)

dieser Arbeit durchgeführten Druckverlaufsanalysen, welche als Referenz für die vereinfachten Ansätze dieser Abhandlung dienen, beruhen auf der Motorprozessrechnungssoftware *Obelix* der Daimler AG, deren Modellannahmen in den Abschnitten 3.2 und 3.3 ausführlich behandelt werden.

Zur Untersuchung des Ladungswechsels wird im Ein- und Auslasssystem eine *Niederdruckindizierung* mit piezoresistiven Druckaufnehmern eingesetzt. In der Ladeluftverteilerleitung sind Sensoren vom Typ KIAG 4005B verbaut. Im Abgaskrümmer finden ein Druckaufnehmer vom Typ KIAG 4075A10 in Kombination mit einem wassergekühlten Schaltadapter vom Typ KIAG 7531 Verwendung. Anhand der in der Ladeluftverteilerleitung und der im Abgaskrümmer indizierten Druckverläufe können mittels einer Ladungswechselanalyse, welche in Unterabschnitt 3.2.1 näher erläutert wird, die für die Verbrennung bereitstehenden Massen berechnet werden. Es sei vermerkt, dass beim Versuchsaggregat aus Platzgründen die Niederdruckindizierung lediglich an der Peripherie von Zylinder 1 verbaut werden kann. Abbildung 3.2 zeigt die über 100 Arbeitsspiele gemittelten Druckverläufe in der Ladeluftverteilerleitung p_E und im Abgaskrümmer p_A.

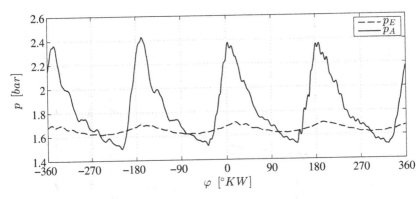

Abbildung 3.2: Ein- und Auslassdruckverläufe - DPF-Rgn
$(n = 1600\ min^{-1},\ p_{mi} = 11,2\ bar)$

3.1.2 Nulllinienfindung

Wie in Unterabschnitt 3.1.1 erwähnt, ist das indizierte Brennraumdrucksignal messbedingt mit einer Abweichung zum Absolutdruck behaftet, welche korrigiert werden muss. In [8] werden dafür verschiedene Verfahren vorgeschlagen, welche sich in Rechenaufwand und Genauigkeit unterscheiden. Hier soll lediglich auf die in dieser Arbeit verwendete *thermodynamische Nulllinienfindung nach dem Polytropenkriterium* und die Druckniveaukorrektur mit dem *Summenbrennverlaufskriterium* eingegangen werden.

Thermodynamische Nulllinienfindung nach dem Polytropenkriterium
Die *thermodynamische Nulllinienfindung nach dem Polytropenkriterium* stellt einen guten Kompromiss zwischen Genauigkeit und Rechenaufwand dar. Sie wird aufgrund ihrer Echtzeitfähigkeit folgend für sämtliche Nulllinienkorrekturen, welche auf dem Motorsteuergerät und/oder einem Motorsteuergeräte-Bypassrechner durchgeführt werden, verwendet.

Ausgehend von der Annahme einer polytropen Kompressionsphase (Abbildung 3.3) ergibt sich unter Berücksichtigung des momentanen Brennraumvolumens $V_Z(\varphi)$ und des Polytropenexponenten n folgende Beziehung für den Zylinderdruck p_Z [8]:

$$p_Z(\varphi + \Delta\varphi) = p_Z(\varphi) \cdot \left(\frac{V_Z(\varphi)}{V_Z(\varphi + \Delta\varphi)} \right)^n \qquad \text{Gl. 3.1}$$

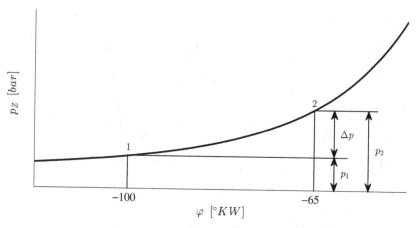

Abbildung 3.3: Polytrope Nulllinienfindung nach Hohenberg [36]

Der Polytropenexponent n wird dabei für Motoren mit innerer Gemischbildung im Kurbelwinkelintervall $-100 \leq \varphi \leq -65\,°KW$ vor dem oberen Zündtotpunkt (ZOT) mit $n = 1.37$ angenommen. Wie das Intervall bereits impliziert, werden in dieser Arbeit alle Kurbelwinkelstellungen φ auf den oberen Zündtotpunkt $\varphi_{ZOT} = 0\,°KW$ bezogen. Das heißt, Kurbelwinkelstellungen vor ZOT weisen ein negatives Vorzeichen und Kurbelwinkelstellungen nach ZOT ein positives Vorzeichen auf. Aufgrund der relativen Druckmessung besteht zwischen dem gemessenen Zylinderdruck p_{ind} und dem absoluten Zylinderdruck p_Z folgender Zusammenhang:

$$p_Z(\varphi) = p_{ind}(\varphi) + \Delta p_n \qquad \text{Gl. 3.2}$$

Gleichung 3.2 verdeutlicht bereits, dass der Nulllinienfehler Δp_n über ein Arbeitsspiel (ASP) als konstant angenommen wird und folglich keinen Einfluss auf die Druckdifferenz $\Delta p(\varphi)$ zwischen zwei Messpunkten besitzt:

$$\Delta p(\varphi) = p_{ind}(\varphi + \Delta\varphi) - p_{ind}(\varphi)$$
$$= p_Z(\varphi + \Delta\varphi) - p_Z(\varphi) \qquad \text{Gl. 3.3}$$

Aus den Gleichungen 3.1 und 3.3 ergibt sich:

$$p_Z(\varphi) = \frac{\Delta p(\varphi)}{\left(\dfrac{V_Z(\varphi)}{V_Z(\varphi + \Delta\varphi)}\right)^n - 1} \qquad \text{Gl. 3.4}$$

Wird Gleichung 3.4 in Gleichung 3.2 eingesetzt, kann der Nulllinienfehler Δp_n wie folgt berechnet werden:

$$\Delta p_n = p_Z(\varphi) - p_{ind}(\varphi)$$

$$= \frac{\Delta p(\varphi)}{\left(\dfrac{V_Z(\varphi)}{V_Z(\varphi+\Delta\varphi)}\right)^n - 1} - p_{ind}(\varphi) \qquad \text{Gl. 3.5}$$

Summenbrennverlaufskriterium

Eine exaktere Methode zur Nulllinienkorrektur ist das *Summenbrennverlaufs-kriterium*, welches in dieser Arbeit im Rahmen der Druckverlaufsanalyse eingesetzt wird. Auf Basis des ersten Hauptsatzes der Thermodynamik

$$\frac{dQ_B}{d\varphi} = \frac{dU}{d\varphi} - \frac{dQ_W}{d\varphi} + p_Z \cdot \frac{dV_Z}{d\varphi} - \frac{dH_L}{d\varphi} \qquad \text{Gl. 3.6}$$

kann der Druckniveaufehler Δp_n während eines festgelegten Bereiches der Kompressionsphase bestimmt werden [8]. Unter der Voraussetzung, dass in diesem Intervall keine Wärmefreisetzung stattfindet,

$$\sum \left[\frac{dQ_B}{d\varphi}(\varphi) \cdot \Delta\varphi \right] = 0 \qquad \text{Gl. 3.7}$$

wird die Nulllinie solange iterativ korrigiert bis $\Delta p_n < 1 mbar$ ist:

$$\frac{dU}{d\varphi} - \frac{dQ_W}{d\varphi} + (p_{ind}(\varphi) + \Delta p_n)\frac{dV_Z}{d\varphi} - \frac{dH_L}{d\varphi} = 0$$

$$\Delta p_n = \frac{dQ_W/d\varphi + dH_L/d\varphi - dU/d\varphi}{dV/d\varphi} - p_{ind}(\varphi) \qquad \text{Gl. 3.8}$$

Bei dem Summenbrennverlaufskriterium handelt es sich um ein sehr genaues, aufgrund seiner hohen Rechenanforderungen jedoch reines Offline-Verfahren.

3.2 Nulldimensionale Modellierung des Verbrennungsprozesses

3.2.1 Grundlagen des thermodynamischen Systems Brennraum

In diesem Unterabschnitt sollen zur Beschreibung der innermotorischen Vorgänge die Grundlagen des *thermodynamischen Systems* Brennraum vorgestellt werden. Ein *thermodynamisches System* ist nach [1] wie folgt definiert:

1. Der für eine thermodynamische Untersuchung relevante Bereich wird vom Raum durch materielle oder gedachte Begrenzungsflächen, die *Systemgrenzen*, abgetrennt und heißt *System*.

2. Als *Umgebung* wird alles außerhalb des Systems bezeichnet.

3. Ist die Systemgrenze für Materie durchlässig, handelt es sich um ein *offenes System*. Ein *geschlossenes System* hingegen besitzt stets dieselbe Stoffmenge.

Die Berechnung des Systems Brennraum wird häufig anhand nulldimensionaler Modelle auf Basis des 1. Hauptsatzes der Thermodynamik durchgeführt. Nulldimensionale Modelle berücksichtigen keine örtliche Variabilität der Größen sondern lediglich deren zeitliche Abhängigkeit. Mit Hilfe dieser Modellannahme kann der Motorprozess energetisch richtig ohne Berücksichtigung lokaler Strömungsphänomene beurteilt werden [59]. Im Rahmen dieser Arbeit wird der Brennraum (siehe Abbildung 3.4) als ein instationär durchströmtes, offenes 1-zoniges System betrachtet, welches vom Zylinderkopf, dem Kolben, der Zylinderlaufbahn und den Ventiltellern begrenzt wird. Bei der 1-zonigen Motorprozessrechnung wird das System mit seinen Stoffeigenschaften als homogen angenommen. Das heißt, der Druck, die Temperatur und die Gaszusammensetzung, ein Gemisch idealer Gase, sind über die gesamte Zone hinweg konstant.

Die Zustandsänderungen im Zylinder können mit dem 1. Hauptsatz der Thermodynamik, der thermischen Zustandsgleichung und dem Satz der Massenerhaltung berechnet werden.

Massenerhaltung
Mit Hilfe des allgemeinen Kontinuitätsgesetzes

$$\dot{m} = \sum_i \dot{m}_i \qquad \text{Gl. 3.9}$$

lässt sich die Änderung der Masse im Zylinder dm_Z beschreiben [59]. Sie entspricht der Summe aus der in den Brennraum ein- und austretenden Massenströme $dm_{E,i}$ und $dm_{A,i}$, dem Leckagemassenstrom dm_L und dem in dampfförmiger Phase vorliegenden Brennstoff dm_B:

$$\frac{dm_Z}{d\varphi} = \sum_i \frac{dm_{A,i}}{d\varphi} + \sum_i \frac{dm_{E,i}}{d\varphi} + \frac{dm_L}{d\varphi} + \frac{dm_B}{d\varphi} \qquad \text{Gl. 3.10}$$

Die infolge von Leckage und Ladungswechsel auftretenden Massenströme können als Blendenströmungen approximiert werden. Wird im Ausgangssystem

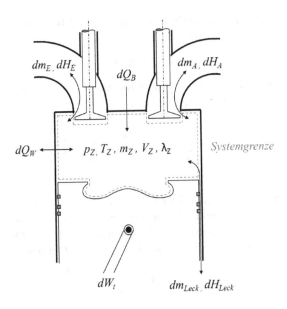

Abbildung 3.4: Thermodynamisches System Brennraum für innere Gemischbildung

die Strömungsgeschwindigkeit vernachlässigt, kann der jeweilige Massenstrom $\dot{m}_{theo}$ unter Annahme einer isentropen Zustandsänderung aus der Drosselquerschnittsfläche A_{geom}, den Druckwerten vor und nach der Blende p_I und p_{II}, der Dichte im Ausgangssystem ρ_I und dem Isentropenexponenten κ mit Hilfe der Saint-Venantschen Durchflussgleichung berechnet werden [57]:

$$\frac{dm_{theo}}{dt} = A_{geom} \cdot \sqrt{2 \cdot p_I \cdot \rho_I} \cdot \psi \qquad \text{Gl. 3.11}$$

$$\psi = \sqrt{\frac{\kappa}{\kappa - 1} \cdot \left[\left(\frac{p_{II}}{p_I} \right)^{2/\kappa} - \left(\frac{p_{II}}{p_I} \right)^{(\kappa+1)/\kappa} \right]} \qquad \text{Gl. 3.12}$$

Die bei realen Strömungsvorgängen auftretenden hydrodynamischen Vorgänge wie Strahleinschnürung und Strömungsablösung müssen in Gleichung 3.11 anstelle des geometrischen Querschnittes A_{geom} mit dem effektiven Öffnungsquerschnitt A_{eff} der Drosselstelle berücksichtigt werden [8], [55]. Dieser wird durch systematische Variation des Ventilhubes h_v getrennt für Ein- und Auslassventile auf einem Blasprüfstand experimentell bestimmt und durch den Durchflussbeiwert η definiert:

$$A_{eff} = \eta \cdot A_{geom} \qquad \text{Gl. 3.13}$$

Die in das thermodynamische System Brennraum ein- und austretenden Massenströme lassen sich wie folgt berechnen:

$$\frac{dm_{E/A,i}}{d\varphi} = A_{eff} \cdot p_I \cdot \sqrt{\frac{1}{R_I \cdot T_I}} \cdot \sqrt{\frac{2\kappa}{\kappa-1} \cdot \left[\left(\frac{p_{II}}{p_I} \right)^{2/\kappa} - \left(\frac{p_{II}}{p_I} \right)^{(\kappa+1)/\kappa} \right]}$$

$$\text{Gl. 3.14}$$

Mit Erreichen des kritischen Druckverhältnisses Π_{krit} stellt sich bei der Strömung Schallgeschwindigkeit im engsten Querschnitt ein. Wird Überschallgeschwindigkeit ausgeschlossen, ist Gleichung 3.14 auch bei Gradienten kleiner dem kritischen Druckverhältnis mit Gleichung 3.15 zu lösen:

$$\Pi_{krit} = \left(\frac{p_{II}}{p_I} \right) = \left(\frac{2}{\kappa+1} \right)^{\kappa/(\kappa-1)} \qquad \text{Gl. 3.15}$$

Thermische Zustandsgleichung
Die thermische Zustandsgleichung stellt die Beziehung zwischen dem Druck p_Z, dem Volumen V_Z, der Temperatur T_Z und der Masse m_Z im Zylinder her und kann in differentieller Form wie folgt geschrieben werden [59]:

$$p_Z \cdot \frac{dV_Z}{d\varphi} + V_Z \cdot \frac{dp_Z}{d\varphi} = m_Z \cdot R_Z \cdot \frac{dT_Z}{d\varphi} + m_Z \cdot T_Z \cdot \frac{dR_Z}{d\varphi} + R_Z \cdot T_Z \cdot \frac{dm_Z}{d\varphi} \quad \text{Gl. 3.16}$$

Die individuelle Gaskonstante $R = f(T, p, \lambda)$ ist in erster Linie eine Funktion der Gaszusammensetzung. Wiederum hängt diese von der Temperatur und dem Druck ab, über welche sich die Konzentrationen der einzelnen chemischen Spezies infolge von Dissoziationseffekten während des Arbeitsprozesses im Brennraum ändern. In **Abschnitt 3.3** wird die Berechnung der Stoffeigenschaften näher erläutert.

1. Hauptsatz der Thermodynamik
Der 1. Hauptsatz der Thermodynamik ist das Gesetz der Energieerhaltung und gilt sowohl für reversible, als auch irreversible Zustandsänderungen. Er lässt sich unter Vernachlässigung von potentieller und kinetischer Energie für instationäre, offene Systeme wie folgt formulieren [59]:

$$\frac{dU}{d\varphi} = \frac{dQ_B}{d\varphi} + \frac{dQ_W}{d\varphi} + \frac{dW_t}{d\varphi} + \frac{dH_E}{d\varphi} + \frac{dH_A}{d\varphi} + \frac{dH_L}{d\varphi} \qquad \text{Gl. 3.17}$$

Die Änderung der inneren Energie $dU/d\varphi$ gleicht der Summe aus der über den Kraftstoff zugeführten Wärmeenergie $dQ_B/d\varphi$, dem über die Systemgrenze fließenden Wandwärmestrom $dQ_W/d\varphi$, der über die Systemgrenzen geleisteten technischen Arbeit $dW_t/d\varphi$, der spezifischen Enthalpieströme über Ein- $dH_E/d\varphi$ und Auslassventile $dH_A/d\varphi$ und dem Leckageenthalpiestrom $dH_L/d\varphi$. Sie ist abhängig von Druck p_Z, Temperatur T_Z, und Luftverhältnis λ, sodass gilt:

$$\frac{dU_Z}{d\varphi} = \frac{d\left(u_Z \cdot m_Z\right)}{d\varphi} = m_Z \cdot \frac{du_Z}{d\varphi} + u_Z \cdot \frac{dm_Z}{d\varphi} \;;\; u_Z = f\left(p_Z, T_Z, \lambda_Z\right) \qquad \text{Gl. 3.18}$$

mit

$$\frac{du_Z}{d\varphi} = \frac{\partial u_Z}{\partial T_Z} \cdot \frac{dT_Z}{d\varphi}\bigg|_{p_Z, \lambda_Z} + \frac{\partial u_Z}{\partial p_Z} \cdot \frac{dp_Z}{d\varphi}\bigg|_{T_Z, \lambda_Z} + \frac{\partial u_Z}{\partial \lambda_Z} \cdot \frac{\lambda_Z}{d\varphi}\bigg|_{T_Z, p_Z}$$

Der Umsatz der im Kraftstoff chemisch gebundenen Energie wird als Brennverlauf $dQ_B/d\varphi$ bezeichnet. Dieser ist proportional zur verbrannten Kraftstoffmasse m_B und mit dem für einen Kraftstoff charakteristischen unteren Heizwert H_u wie folgt definiert:

$$\frac{dQ_B}{d\varphi} = \frac{dm_B}{d\varphi} \cdot H_u \qquad \text{Gl. 3.19}$$

Der Wandwärmestrom dQ_W/φ im Brennraum kann mit Hilfe des Newtonschen Wärmeübergangsansatzes berechnet werden:

$$\frac{dQ_W}{d\varphi} = \sum_i \alpha_i \cdot A_i \cdot \left(T_{W,i} - T_Z\right) \cdot \frac{dt}{d\varphi} \qquad \text{Gl. 3.20}$$

A_i beschreibt die relevante Wärmeübergangsfläche, α_i den Wärmeübergangskoeffizienten und $T_{W,i} - T_Z$ das treibende Temperaturgefälle zwischen Wand und Gas. Die Berechnung des Wärmeübergangskoeffizienten α_i bedarf einer ausführlicheren Darstellung, weswegen darauf in Unterabschnitt 3.2.2 gesondert eingegangen werden soll.

Die technische Arbeit $dW_t/d\varphi$, auch Volumenänderungsarbeit genannt, beschreibt die bei einer Kompression oder Expansion des Volumens aufzubringende oder abgegebene Arbeit eines geschlossenen Systems:

$$\frac{dW_t}{d\varphi} = -p_Z \cdot \frac{dV_Z}{d\varphi} \qquad \text{Gl. 3.21}$$

Ein Enthalpiestrom $dH/d\varphi$ setzt sich aus der spezifischen Enthalpie h und Massenstrom $dm/d\varphi$ des Fluides zusammen. Die spezifische Enthalpie eines

Gemisches kann aus den molaren Enthalpien $\tilde{H}_i^0$ der einzelnen Spezies i und deren Konzentration im Gasgemisch ermittelt werden. Die Berechnung der Zusammensetzung des Gemisches und derer Stoffeigenschaften wird in Abschnitt 3.3 ausführlich behandelt. Somit gilt für den über die Einlassventile in das System eintretenden Enthalpiestrom:

$$\frac{dH_E}{d\varphi} = \sum_i h_{E,i} \cdot \frac{dm_{E,i}}{d\varphi} \qquad \text{Gl. 3.22}$$

Analog gilt für den über die Auslassventile austretenden Enthalpiestrom:

$$\frac{dH_A}{d\varphi} = \sum_i h_{A,i} \cdot \frac{dm_{A,i}}{d\varphi} \qquad \text{Gl. 3.23}$$

und den Leckageenthalphiestrom:

$$\frac{dH_{Leck}}{d\varphi} = h_{Leck} \cdot \frac{dm_{Leck}}{d\varphi} \qquad \text{Gl. 3.24}$$

3.2.2 Wärmeübergang im Brennraum

Wie in Unterabschnitt 3.1.1 bereits erwähnt, dient die Druckverlaufsanalyse als Referenz für die vereinfachten Ansätze in dieser Abhandlung. Besonderes Augenmerk wird in Kapitel 7 auf die Modellierung der Brennraum- und Abgastemperaturen vor Turbineneinlass gelegt, weswegen bei der Referenzmodellierung eine genaue Berechnung der Wärmeübergänge erforderlich ist. Die bei der Druckverlaufsanalyse im Allgemeinen verwendeten Ansätze zur Berechnung des Wärmestroms $dQ_W/d\varphi$ im Brennraum basieren auf dem Newtonschen Wärmeübergangsgesetz (Gleichung 3.20) [4], [37], [75], [76]. Im Wesentlichen erfolgt die Wärmeübertragung zwischen dem durch Quetschströmung und Einlassdrall turbulenten Arbeitsgas und den Brennraumwänden durch erzwungene Konvektion in der Temperatur- und Strömungsgrenzschicht zwischen Fluid und Wand. Wärmestrahlung und -leitung werden aufgrund ihres geringen Anteils am Wärmeübertragungsmechanismus vernachlässigt.

Allgemein kann der Energietransport in einem wärmeleitenden Stoff durch das Vektorfeld der Wärmestromdichte $\dot{q}$, unter Berücksichtigung des Temperaturgradienten $\nabla \vartheta$ in Richtung der drei Ortskoordinaten x, y und z sowie der Proportionalitätskonstante λ_c, über das von Fouriersche Grundgesetz der Wärmeleitung

$$\dot{q} = -\lambda_c \cdot \nabla \vartheta$$

$$= -\lambda_c \cdot \left(\frac{\partial \vartheta}{\partial x} e_x + \frac{\partial \vartheta}{\partial y} e_y + \frac{\partial \vartheta}{\partial z} e_z \right) \qquad \text{Gl. 3.25}$$

beschrieben werden. Die Wärmeleitfähigkeit λ_c ist dabei eine Stoffeigenschaft und hängt in Gasgemischen im Wesentlichen von deren Zusammensetzung und der Temperatur ab [2]. Sie kann mit Hilfe eines Polynomansatzes (siehe Gleichung 3.120), wie in Unterabschnitt 3.3.3 noch näher erläutert, berechnet werden. Die Wärmestromdichte $\dot{q}$ ist allgemein als der, über eine in Stromrichtung orientierte Fläche, übertragene Wärmestrom $\dot{Q}$

$$\dot{Q} = \frac{dQ}{dt}$$ Gl. 3.26

durch

$$\dot{q} = \frac{\dot{Q}}{dA}$$ Gl. 3.27

definiert. Wird der Newtonsche Ansatz des Wärmeübergangs (Gleichung 3.20) mit der aus den Gleichungen 3.25 bis 3.27 abgeleiteten stationären, geometrisch eindimensionalen Wärmeleitung

$$Q = \lambda_c \cdot A \cdot \frac{T_Z - T_W}{\partial x}$$ Gl. 3.28

verglichen, so ist ersichtlich, dass α den Gradient der in der Temperaturgrenzschicht beschreibt [4]:

$$\alpha = \frac{\lambda_c}{dx}$$ Gl. 3.29

Bei bekannter Wärmeleitfähigkeit λ_c könnte der Wärmeübergangskoeffizient α durch einen Ansatz, der die Dicke der Temperaturgrenzschicht dx quantifiziert, beschrieben werden. Die Temperaturgrenzschichtdicke hängt stark von der Strömungsgrenzschicht, welche wiederum durch die Strömungsvorgänge beeinflusst wird, ab. Mit Hilfe der Ähnlichkeitstheorie können diese Wechselwirkungen und schließlich der Wärmeübergang bei erzwungener Konvektion unter Verwendung folgender dimensionsloser Kennzahlen beschrieben werden [4], [71]:

$$Nu = \frac{\alpha \cdot L}{\lambda}$$ Gl. 3.30

$$Re = \frac{w \cdot L \cdot \rho}{\eta_v}$$ Gl. 3.31

$$Pr = \frac{v_v}{a} = \frac{v_v \cdot \rho \cdot c_p}{\lambda} = \frac{c_p \cdot \eta_v}{\lambda}$$ Gl. 3.32

$$Nu = C \cdot Re^m \cdot Pr^n$$ Gl. 3.33

Die Temperaturgrenzschicht wird dabei durch die Nusseltzahl Nu, die Strömungsgrenzschicht durch das Verhältnis aus Trägheitskraft und Reibungskraft mit der Reynoldszahl Re und derer beider Wechselwirkung durch die Prandtlzahl Pr beschrieben. Wird berücksichtigt, dass sich die Prandtlzahl in dem bei Verbrennungsmotoren relevanten Temperatur- und Druckbereich als näherungsweise konstant verhält, kann diese der Konstanten C in Gleichung 3.33 zugeschlagen werden [8]. Durch Umformung ergibt sich folgender Ansatz für den Wärmeübergangskoeffizienten α:

$$\alpha = C' \cdot \lambda_c \cdot L^{m-1} \cdot \left(\frac{w \cdot \rho}{\eta_v} \right)^m \qquad \text{Gl. 3.34}$$

Basierend auf dieser Grundgleichung unterscheiden sich die verbreiteten Ansätze nach Bargende [4], Hohenberg [37] und Woschni [75], [76] bei der Wahl der Konstanten C', in der Interpretation der charakteristischen Länge L, der für den Wärmeübergang relevanten Geschwindigkeit w, der Wärmeleitfähigkeit λ_c und der dynamischen Viskosität η_v. Im Folgenden wird der Newtonsche Wärmeübergangskoeffizient α nach dem Ansatz von Bargende [4] berechnet:

$$\alpha = 253,5 \cdot V_Z^{-0,073} \cdot T_m^{-0,477} \cdot p_Z^{0,78} \cdot w^{0,78} \cdot \Delta \qquad \text{Gl. 3.35}$$

Charakteristische Länge
Die charakteristische Länge L wird mit dem Durchmesser d einer dem momentanen Brennraumvolumen V_Z entsprechenden Kugel interpretiert:

$$d^{m-1} \sim V_Z^{-0,073} \qquad \text{Gl. 3.36}$$

Wärmeübergangsrelevante Temperatur
Als wärmeübergangsrelevante Temperatur $T_{m,i}$ wird das arithmetische Mittel aus Massenmitteltemperatur T_Z und Wandtemperatur $T_{W,i}$ verwendet:

$$T_{m,i} = \frac{T_Z + T_{W,i}}{2} \qquad \text{Gl. 3.37}$$

Wärmeübergangsrelevante Geschwindigkeit
Ein wichtiger Einflussfaktor auf Gemischbildung, Verbrennung und Wandwärmeverluste ist die Ladungsbewegung im Brennraum. In Anlehnung an Poulos und Heywood [60] schlägt Bargende [4] vor, das Strömungsfeld unter Formulierung eines globalen $k - \varepsilon$ Turbulenzmodells zu interpretieren. Die wärmeübergangsrelevante Geschwindigkeit w

$$w = \frac{\sqrt{4c_t^2 + c_k^2}}{2} \qquad \text{Gl. 3.38}$$

lässt sich unter Zuhilfenahme der momentanen turbulenten Geschwindigkeits-
komponente c_t

$$c_t = \sqrt{2/3k} \qquad\qquad \text{Gl. 3.39}$$

und der momentanen Kolbengeschwindigkeit c_k

$$c_k = \frac{dV_Z}{d\varphi} \cdot \left(A_K \cdot \frac{dt}{d\varphi} \right)^{-1} \qquad\qquad \text{Gl. 3.40}$$

berechnen.

Die Änderung der spezifischen kinetischen Energie dk/dt kann nach [8] aus
der Energiebilanz des turbulenten Strömungsfeldes abgeleitet werden und lautet zwischen Einlass schließt (ES) und Auslass öffnet $(A\ddot{O})$:

$$\frac{dk}{d\varphi} = (P - \varepsilon_{Diss}) \cdot \frac{dt}{d\varphi} \qquad\qquad \text{Gl. 3.41}$$

Der Produktionsterm P berücksichtigt dabei die Turbulenzerzeugung und der
Dissipationsterm ε_{Diss} die Turbulenzerniedrigung im System.

Produktionsterm
Während der Hochdruckphase wird im Brennraum die spezifische kinetische
Energie durch folgende Einflussfaktoren erhöht:

- Translation des Kolbens bei der Kompression und Expansion

- Quetschströmungen

- Drallströmungen

- Verbrennung

Infolge der Kolbenbewegung wird die Dichte des Arbeitsgases verändert und
während der Kompression die Turbulenzenergie erhöht, hingegen während der
Expansion erniedrigt [47]:

$$P_k = -\frac{2}{3} \cdot \frac{k}{V_Z} \cdot \frac{dV_Z}{dt} \qquad\qquad \text{Gl. 3.42}$$

Die Turbulenz im Brennraum wird zudem durch eine hochturbulente Quetschströmung erhöht. Während der Kompressionsphase wird das Arbeitsgas zwischen den Quetschspaltflächen verdrängt und strömt in die Kolbenmulde. Zu
Beginn der Expansion dreht sich die Strömungsrichtung um und strömt in

Richtung Quetschvolumen. Die Untersuchungen von Bargende [4] zeigen, dass die Quetschströmung die spezifische kinetische Energie hauptsächlich nach dem oberen Zündtotpunkt ZOT beeinflusst, weswegen diese lediglich in der Expansionsphase berücksichtigt wird:

$$P_Q = C_Q \cdot \frac{k_Q^{1,5}}{L}\bigg|_{\varphi > ZOT} \qquad \text{Gl. 3.43}$$

Die spezifische kinetische Energie der Quetschströmung

$$k_Q = \frac{1}{2} \cdot w_Q^2 \qquad \text{Gl. 3.44}$$

lässt sich in guter Näherung unter Annahme einer topfförmigen Mulde mit dem Durchmesser d_{Mulde}, welcher sich aus dem realen Muldenvolumen V_{Mulde} und deren maximalen Muldentiefe s_{Mulde} approximieren lässt, berechnen:

$$w_Q = \frac{1}{3} \cdot \left[w_r \cdot \left(1 + \frac{d_{Mulde}}{d_Z}\right) + w_a \cdot \left(\frac{d_{Mulde}}{d_Z}\right)^2 \right] \qquad \text{Gl. 3.45}$$

$$w_r = \frac{dV_Z}{dt} \cdot \frac{V_{Mulde}}{V_Z \cdot (V_Z - V_{Mulde})} \cdot \frac{d_Z^2 - d_{Mulde}^2}{4 \cdot d_{Mulde}}$$

$$w_a = \frac{dV_Z}{dt} \cdot \frac{s_{Mulde}}{V_Z}$$

Heutige Dieselmotoren wie das Versuchsaggregat OM651eco werden durch die Anordnung und die Geometrie der Einlasskanäle mit einer Einlassdrallströmung ausgelegt, welche wie vorab untersucht [32] einen großen Einfluss auf die Gemischbildungsvorgänge ausübt. Diese, die luftseitige Durchmischung des Kraftstoffsprays unterstützende, um die Zylinderachse rotierende Drallströmung kann mit Hilfe einer Einlasskanalabschaltung (*EKAS*) stufenlos erhöht werden. Der auf Basis von Ottomotoruntersuchungen entwickelte Ansatz von Bargende [4] berücksichtigt den Einfluss der Drallströmung auf die spezifische kinetische Energie nicht, weswegen das $k - \varepsilon$ Turbulenzmodell um den Drallterm

$$P_D = C_D \cdot \frac{k_D^{1,5}}{L} \qquad \text{Gl. 3.46}$$

in Anlehnung an [8] und [47] erweitert wird. In Abhängigkeit der mittleren Kolbengeschwindigkeit c_m und der im Blaslabor nach Tippelmann ermittelten integralen Drallzahl c_u/c_a wird die spezifische kinetische Energie der Drallströmung k_D berechnet:

$$k_D = \frac{1}{2} \cdot \left(\frac{c_u}{c_a} \cdot c_m\right)^2 \qquad \text{Gl. 3.47}$$

Für die verbrennungsbedingte Turbulenzerzeugung existiert nach [8] soweit bekannt kein Ansatz. Deren Einfluss auf den Wärmeübergangskoeffizienten wird jedoch durch den Verbrennungsterm Δ, wie am Ende dieses Unterabschnittes beschrieben, berücksichtigt.

Dissipationsterm
Durch die innere Reibung des Arbeitsgases wird zwischen den Turbulenzballen spezifische kinetische Energie zu Wärmeenergie dissipiert. Diese irreversible Abnahme der Turbulenzenergie wird wie folgt definiert:

$$\varepsilon_{Diss} = C_{Diss} \cdot \frac{k_{Diss}^{1,5}}{L} \qquad \text{Gl. 3.48}$$

Als charakteristische Wirbellänge L wird, wie bei der $Nu - Re$ Beziehung, sowohl für die Quetsch- und Drallströmung als auch die Dissipation der Durchmesser einer Kugel mit momentanem Zylindervolumen verwendet:

$$L = \left(\frac{6 \cdot V_Z}{\pi} \right)^{\frac{1}{3}} \qquad \text{Gl. 3.49}$$

Unter Berücksichtigung dieser Einflüsse kann die spezifische kinetische Energie im Brennraum mit

$$\frac{dk}{dt} = \left[-\frac{2}{3} \cdot \frac{k}{V_Z} \cdot \frac{dV_Z}{dt} + C_Q \cdot \frac{k_Q^{1,5}}{L} \Big|_{\varphi > ZOT} + C_D \cdot \frac{k_D^{1,5}}{L} - C_{Diss} \cdot \frac{k_{Diss}^{1,5}}{L} \right]_{ES \leq \varphi \leq A\ddot{O}}$$
$$\text{Gl. 3.50}$$

berechnet werden. Zur Lösung der Differentialgleichung wird als Startwert die spezifische kinetische Energie bei Einlass schließt k_{ES} in Anlehnung an Grill [26] berechnet:

$$k_{ES} = C_k \cdot \frac{1}{8} \cdot \left[\frac{c_m \cdot d_Z^2 \cdot \lambda_L}{n_{EV} \cdot d_{EV} \cdot h_{EV} \cdot \sin(\pi/4)} \right]^2 \qquad \text{Gl. 3.51}$$

Die zur Berechnung der spezifischen kinetischen Energie benötigten Parameter des $k - \varepsilon$ Turbulenzmodells wurden von Fick [22] auf Basis von 3D-CFD Rechnungen neu abgestimmt und sind Tabelle A.1 im Anhang zu entnehmen.

Verbrennungsterm
Der Einfluss der Verbrennung auf den Wärmeübergangskoeffizienten α wird in Abhängigkeit der Durchbrennfunktion

$$X_B = \frac{Q_B}{Q_{B_{ges}}} \qquad \text{Gl. 3.52}$$

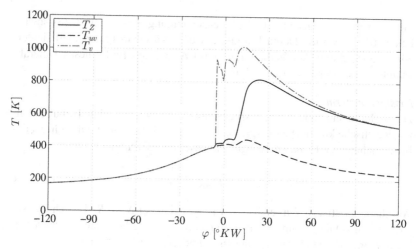

Abbildung 3.5: Brennraumtemperaturen ($n = 1000\ min^{-1}$, $p_{mi} = 11,0\ bar$)

sowie der Temperaturen im Verbrannten T_v und Unverbrannten T_{uv} durch den Verbrennungsterm

$$\Delta = \left[X_B \cdot \frac{T_v}{T_Z} \cdot \frac{T_v - T_W}{T_Z - T_W} + (1 - X_B) \cdot \frac{T_{uv}}{T_Z} \cdot \frac{T_{uv} - T_W}{T_Z - T_W} \right]^2 \qquad \text{Gl. 3.53}$$

beschrieben. Für die im Rahmen dieser Arbeit verwendete 1-zonige Modellannahme erfolgt keine explizite Unterteilung in einen verbrannten und unverbrannten Teil durch Modellierung des Zonenübergangs. Bargende [4] schlägt für diesen Fall vor, ab dem Zündzeitpunkt (ZZP) die Temperatur im Unverbrannten T_{uv} mit Hilfe der Polytropenbeziehung zu berechnen:

$$T_{uv} = T_{Z,ZZP} \cdot \left(\frac{p_Z}{p_{Z,ZZP}} \right)^{(n-1)/n} \qquad \text{Gl. 3.54}$$

Die Temperatur im Verbrannten T_v lässt sich wie folgt bestimmen:

$$T_v = \frac{1}{X_B} \cdot T_Z + \frac{X_B - 1}{X_B} \cdot T_{uv} \qquad \text{Gl. 3.55}$$

Die nach diesem Ansatz ermittelten Temperaturverläufe sind in Abbildung 3.5 beispielhaft beim Betriebspunkt $n = 1000\ min^{-1}$, $p_{mi} = 11,0\ bar$ dargestellt.

3.2.3 Brennraumwandtemperaturmodell

Die Brennraumwandtemperaturen werden im Rahmen der in dieser Arbeit verwendeten Druckverlaufsanalyse mit dem in Merker et al. [55] vorgeschlagenen Ansatz berechnet. Ausgehend von einer erzwungenen Konvektion im Brennraum erfolgt der weitere Wärmetransport durch Wärmeleitung in der Brennraumwand und erzwungene Konvektion an das Kühlwasser. Im stationären Betrieb sind die zeitlichen Wärmestromverläufe nicht relevant, da sich die Temperaturen an der Brennraumoberfläche, aufgrund der zur Gastemperaturschwingung im Brennraum ($\Delta T_{Diesel} \approx 1000\ bis\ 1600\ K$) vergleichsweise geringen Temperaturschwankung in der Brennraumoberfläche ($\Delta T < 60\ K$), näherungsweise als konstant über ein Arbeitsspiel interpretieren lassen. Das Gleichgewicht der Wärmeströme im stationären Zustand lässt sich wie folgt formulieren:

$$\alpha \cdot A \cdot (T_Z - T_W) = \frac{\lambda_c}{d} \cdot A \cdot (T_W - T_{W,KW}) = \alpha_{KW} \cdot A \cdot (T_{W,KW} - T_{KW})$$

Gl. 3.56

Die Wärmeleitung durch die Wand und der konvektive Wärmetransport an den Kühlwasserstrom können vereinfacht im thermischen Ersatzleitkoeffizienten R_{th} wie folgt zusammengefasst werden:

$$\alpha \cdot (T_Z - T_W) = R_{th} \cdot (T_W - T_{KW})$$

Gl. 3.57

Nach Umformung gilt für die mittlere Wandtemperatur:

$$T_W = \frac{\alpha \cdot T_Z + R_{th} \cdot T_{KW}}{\alpha + R_{th}}$$

Gl. 3.58

Der Wärmeübergangskoeffizient α und die Massenmitteltemperatur im Brennraum T_Z werden für die Berechnung der Wandtemperaturen über ein *ASP* gemittelt:

$$\alpha_m = \frac{1}{ASP} \int_{\varphi=0}^{ASP} \alpha(\varphi) \cdot d\varphi$$

Gl. 3.59

$$T_m = \frac{\int_{\varphi=0}^{ASP} [\alpha(\varphi) \cdot T_Z(\varphi)] \cdot d\varphi}{\int_{\varphi=0}^{ASP} \alpha(\varphi) \cdot d\varphi}$$

Gl. 3.60

Mit Hilfe dieses Ansatzes können die stationären Wandtemperaturen von Zylinderkopf, Kolben und Zylinderlaufbahn modelliert werden.

3.3 Stoffeigenschaften des Arbeitsgases

3.3.1 Chemisches Gleichgewicht

Wie Abschnitt 3.2 bereits impliziert, ist eine Berechnung der kalorischen Stoffeigenschaften für eine genaue Motorprozessrechnung, welche als Referenz für die vereinfachten Modelle dieser Arbeit dienen soll, notwendig. Eine chemische Reaktion verschiedener als Edukte $A, B, C, \ldots$ und als Produkte $D, E, F, \ldots$ bezeichneter Spezies kann mit den jeweiligen stöchiometrischen Koeffizienten $v_a, v_b, v_c, \ldots$ allgemein in der Schreibweise

$$v_a \cdot [A] + v_b \cdot [B] + v_c \cdot [C] + \ldots \underset{k^{(r)}}{\overset{k^{(f)}}{\rightleftharpoons}} v_d \cdot [D] + v_e \cdot [E] + v_f \cdot [F] + \ldots \quad \text{Gl. 3.61}$$

angegeben werden. Hin- und Rückreaktion laufen dabei zeitgleich ab. Die Geschwindigkeit, mit der sich die Konzentration eines an der Reaktion beteiligten Stoffes ändert, wird als *Reaktionsgeschwindigkeit* bezeichnet. Die Reaktionsgeschwindigkeiten lassen sich unter Berücksichtigung der jeweiligen Konzentrationen $[A], [B], [C], \ldots$ oder $[D], [E], [F], \ldots$ und der dazugehörigen Geschwindigkeitskoeffizienten $k^{(f)}$ oder $k^{(r)}$ mit Hilfe eines empirischen Ansatzes bestimmen. Für die Reaktionsgeschwindigkeit der Hinreaktion gilt [41]:

$$\frac{d[A]}{dt} = -k^{(f)} \cdot [A]^{v_a} \cdot [B]^{v_b} \cdot [C]^{v_c} \cdot \ldots \quad \text{Gl. 3.62}$$

Analog lässt sich für die Rückreaktion schreiben:

$$\frac{d[A]}{dt} = k^{(r)} \cdot [D]^{v_d} \cdot [E]^{v_e} \cdot [F]^{v_f} \cdot \ldots \quad \text{Gl. 3.63}$$

Die Geschwindigkeit einer chemischen Reaktion ist stark von der Temperatur abhängig. Dieser Zusammenhang kann für die Geschwindigkeitskoeffizienten $k^{(f)}$ und $k^{(r)}$ mit dem Arrheniusgesetz beschrieben werden [64]:

$$k = A' \cdot T^b \cdot e^{-\frac{E_a}{\Re \cdot T}} \quad \text{Gl. 3.64}$$

Steht ausreichend Zeit für eine Reaktion zur Verfügung, strebt diese stets ihrem Gleichgewichtszustand entgegen [55]. Im chemischen Gleichgewicht laufen sowohl die Vorwärts- als auch die Rückwärtsreaktion mit identischer Reaktionsgeschwindigkeit ab, weswegen keine Änderung der Konzentrationen der Edukte und Produkte stattfindet:

$$\frac{d[A]}{dt} = -k^{(f)} \cdot [A]^{v_a} \cdot [B]^{v_b} \cdot [C]^{v_c} \cdot \ldots + k^{(r)} \cdot [D]^{v_d} \cdot [E]^{v_e} \cdot [F]^{v_f} \cdot \ldots = 0$$

$$\text{Gl. 3.65}$$

Wie in Gleichung 3.64 ersichtlich, nehmen die chemischen Reaktionsgeschwindigkeiten exponentiell mit der Temperatur ab. Den Prozessen im Brennraum steht jedoch nur eine begrenzte Zeit zur Verfügung. Bei Unterschreiten einer bestimmten vom Druck p und dem Luftverhältnis λ abhängigen Temperatur kann die reale Zusammensetzung des Rauchgases den aus der Gleichgewichtsrechnung ermittelten Konzentrationen nicht weiter folgen und der Zustand friert schließlich ein. In [26] untersucht Grill diesen Zusammenhang und schlägt in Anlehnung an [16] vor, eine Einfriertemperatur zu definieren. Es wird angenommen, dass sich oberhalb dieser sofort das chemische Gleichgewicht einer Reaktion einstellt. Unterhalb davon verharren die Konzentrationen auf ihrem Zustand bei der Einfriertemperatur. Die Untersuchungen von Grill [26] zeigen, dass mit vernachlässigbarem Fehler eine konstante Einfriertemperatur von 1600 K angenommen werden kann.

Für ein reagierendes Gasgemisch im chemischen Gleichgewicht können nach Umformung von Gleichung 3.65 die Konzentrationen der an der Reaktion beteiligten Stoffe mit der Gleichgewichtskonstanten K_c

$$K_c = \frac{k^{(f)}}{k^{(r)}} = \frac{[D]^{\nu_d} \cdot [E]^{\nu_e} \cdot [F]^{\nu_f} \cdots}{[A]^{\nu_a} \cdot [B]^{\nu_b} \cdot [C]^{\nu_c} \cdots} = \prod_i \left(\frac{c_i}{c_0} \right)^{\nu_i} \qquad \text{Gl. 3.66}$$

beziehungsweise mit der Gleichgewichtskonstanten K_p

$$\begin{aligned} K_p &= K_c \cdot (\Re \cdot T)^{\sum_i \nu_i} \\ &= \frac{[p_D]^{\nu_d} \cdot [p_E]^{\nu_e} \cdot [p_F]^{\nu_f} \cdots}{[p_A]^{\nu_a} \cdot [p_B]^{\nu_b} \cdot [p_C]^{\nu_c} \cdots} = \prod_i \left(\frac{p_i}{p^0} \right)^{\nu_i} \end{aligned} \qquad \text{Gl. 3.67}$$

über die Partialdrücke der einzelnen Spezies bestimmt werden. Im chemischen Gleichgewicht ist die freie Reaktionsenthalpie $\Delta_R \tilde{G}$ der chemischen Reaktion gleich Null, sodass K_P mit

$$\Delta_R \tilde{G} = \Delta_R \tilde{G}^0 + \Re \cdot T \cdot ln \prod_i \left(\frac{p_i}{p^0} \right)^{\nu_i} = 0 \qquad \text{Gl. 3.68}$$

und Gleichung 3.67 durch:

$$K_p = e^{\frac{-\Delta_R \tilde{G}^0}{\Re \cdot T}} \qquad \text{Gl. 3.69}$$

berechnet werden kann [41]. Die Gleichgewichtskonstante K_P kann entweder aus Tabellenwerken wie der JANAF-Tabelle [14] entnommen und in Abhängigkeit der Temperatur interpoliert werden, beziehungsweise lässt sie sich direkt aus der molaren Gibb'schen Energie der Reaktion $\Delta_R \tilde{G}^0$ berechnen. Die molare Gibbs-Energie der betrachteten Reaktion setzt sich aus den molaren Gibb'schen Energien $\tilde{G}_i^0$ der einzelnen Spezies i zusammen:

$$\Delta_R \tilde{G}^0 = \sum_{i=1}^{N} \nu_i \cdot \tilde{G}_i^0 \qquad \text{Gl. 3.70}$$

Diese lassen sich wiederum direkt aus den jeweiligen molaren Enthalpien $\tilde{H}_i^0$ und molaren Entropien $\tilde{S}_i^0$ mit

$$\tilde{G}_i^0 = \tilde{H}_i^0 - T \cdot \tilde{S}_i^0 \qquad \text{Gl. 3.71}$$

bestimmen. Ein verbreiteter Ansatz zur Berechnung thermochemischer Eigenschaften einzelner Spezies i stellen die NASA-Polynome vierter Ordnung [34] dar:

$$\frac{\tilde{C}_{p,i}^0}{\Re} = a_1 + a_2 \cdot T + a_3 \cdot T^2 + a_4 \cdot T^3 + a_5 \cdot T^4 \qquad \text{Gl. 3.72}$$

$$\frac{\tilde{H}_i^0}{\Re T} = a_1 + \frac{a_2 \cdot T}{2} + \frac{a_3 \cdot T^2}{3} + \frac{a_4 \cdot T^3}{4} + \frac{a_5 \cdot T^4}{5} + \frac{a_6}{T} \qquad \text{Gl. 3.73}$$

$$\frac{\tilde{S}_i^0}{\Re} = a_1 \cdot lnT + a_2 \cdot T + \frac{a_3 \cdot T^2}{2} + \frac{a_4 \cdot T^3}{3} + \frac{a_5 \cdot T^4}{4} + a_7 \qquad \text{Gl. 3.74}$$

$$\frac{\tilde{G}_i^0}{\Re T} = \frac{\tilde{H}_T^0}{\Re T} - \frac{\tilde{S}_T^0}{\Re}$$

$$= a_1 \cdot (1 - lnT) - \frac{a_2 \cdot T}{2} - \frac{a_3 \cdot T^2}{6} - \frac{a_4 \cdot T^3}{12} - \frac{a_5 \cdot T^4}{20} + \frac{a_6}{T} - a_7$$

$$\text{Gl. 3.75}$$

Werden die Koeffizienten a_i der einzelnen Spezies j der betrachteten Reaktion unter Berücksichtigung derer stöchiometrischer Koeffizienten ν_j durch

$$\Delta a_i = \sum \nu_j \cdot a_{ij} \qquad \text{Gl. 3.76}$$

in den Polynomfunktionen 3.72 bis 3.75 ersetzt, kann durch weiteres Einsetzen von Gleichung 3.75 in Gleichung 3.69 die Gleichgewichtskonstante K_p einer Reaktion berechnet werden:

$$K_p = e^{\left(\Delta a_1 (lnT-1) + \frac{\Delta a_2 \cdot T}{2} + \frac{\Delta a_3 \cdot T^2}{6} + \frac{\Delta a_4 \cdot T^3}{12} + \frac{\Delta a_5 \cdot T^4}{20} - \frac{\Delta a_6}{T} + \Delta a_7 \right)} \qquad \text{Gl. 3.77}$$

3.3.2 Gleichgewichtsrechnung für Rauchgas

In diesem Abschnitt soll die Zusammensetzung des Rauchgases basierend auf der chemischen Gleichgewichtsrechnung, als Gemisch idealer Gase betrachtet, ermittelt werden. Nach der von Boltzmann et al. entwickelten kinetischen

Gastheorie lassen sich die Eigenschaften eines Gases auf die Bewegung der Gasatome und derer Wechselwirkung bei Stößen zurückführen. Ein ideales Gas besteht demnach aus Atomen oder Molekülen, welche sich wie kleine starre Kugeln verhalten und sich mit statistisch verteilten Geschwindigkeiten bewegen. Lediglich während der vollkommen elastischen Stöße untereinander und mit der Wandung treten Wechselwirkungen zwischen den Teilchen auf und es gelten der Energie- und Impulssatz [17]. Unter Annahme trockener Luft (Anhang Tabelle A.2) werden in Anlehnung an [26] sieben Reaktionsgleichungen berücksichtigt:

$$CO_2 \rightleftharpoons CO + \frac{1}{2}O_2 \qquad \text{Gl. 3.78}$$

$$H_2 + \frac{1}{2}O_2 \rightleftharpoons H_2O \qquad \text{Gl. 3.79}$$

$$\frac{1}{2}H_2 + \frac{1}{2}O_2 \rightleftharpoons OH \qquad \text{Gl. 3.80}$$

$$\frac{1}{2}H_2 \rightleftharpoons H \qquad \text{Gl. 3.81}$$

$$\frac{1}{2}O_2 \rightleftharpoons O \qquad \text{Gl. 3.82}$$

$$\frac{1}{2}N_2 \rightleftharpoons N \qquad \text{Gl. 3.83}$$

$$\frac{1}{2}O_2 + \frac{1}{2}N_2 \rightleftharpoons NO \qquad \text{Gl. 3.84}$$

Mit Gleichung 3.77 lassen sich unter Verwendung der Koeffizienten aus der thermochemischen Datenbank von Burcat [12] (siehe Tabellen A.3 und A.4 im Anhang) die Gleichgewichtskonstanten K_p für die Reaktionen 3.78 bis 3.84 berechnen. Abbildung 3.6 zeigt die in Abhängigkeit der Temperatur ermittelten Gleichgewichtskonstanten. Ausgehend von Gleichung 3.67 lassen sich für die Partialdrücke, deren Summe dem Gesamtdruck p

$$p = \sum_i p_i = \sum_i n_i \cdot \left(\frac{R \cdot T}{V} \right) \qquad \text{Gl. 3.85}$$

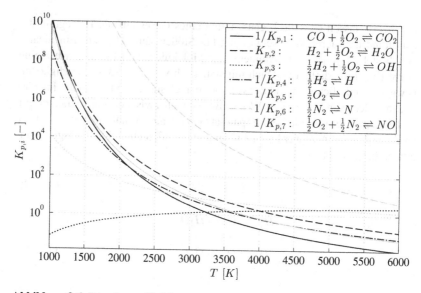

Abbildung 3.6: Berechnete Gleichgewichtskonstanten aus den Stoffeigenschaften nach Burcat [12]

entspricht (Gesetz von Dalton) [41], folgende Zusammenhänge für die Reaktionsgleichungen formulieren:

$$p_{CO_2} = \frac{1}{K_{p,1}} \cdot p_{CO} \cdot \sqrt{p_{O_2}} \qquad \text{Gl. 3.86}$$

$$p_{H_2O} = K_{p,2} \cdot p_{H_2} \cdot \sqrt{p_{O_2}} \qquad \text{Gl. 3.87}$$

$$p_{OH} = K_{p,3} \cdot \sqrt{p_{O_2}} \cdot \sqrt{p_{H_2}} \qquad \text{Gl. 3.88}$$

$$p_H = K_{p,4} \cdot \sqrt{p_{H_2}} \qquad \text{Gl. 3.89}$$

$$p_O = K_{p,5} \cdot \sqrt{p_{O_2}} \qquad \text{Gl. 3.90}$$

$$p_N = K_{p,6} \cdot \sqrt{p_{N_2}} \qquad \text{Gl. 3.91}$$

$$p_{NO} = K_{p,7} \cdot \sqrt{p_{N_2}} \cdot \sqrt{p_{O_2}} \qquad \text{Gl. 3.92}$$

Der Partialdruck der in der Luft enthaltenen Spezies Argon p_{Ar} kann aus dessen Stoffmengenanteil $X_{Ar,\lambda}$ und dem Gesamtdruck p berechnet werden.

$$p_{Ar} = p \cdot X_{Ar,\lambda} \qquad \text{Gl. 3.93}$$

Der Bedingung folgend, dass über die Verbrennung hinweg keine neuen Atome entstehen und deren Anzahl konstant bleibt, gilt für die Atomzahlverhältnisse der Reaktionsgleichungen 3.78 bis 3.84 [26]:

$$\frac{N_O}{N_N} = \frac{2 \cdot p_{CO_2} + p_{CO} + 4 \cdot p_{O_2} + p_{H_2O} + p_{OH} + p_O + p_{NO}}{2 \cdot p_{N_2} + p_N + p_{NO}} \qquad \text{Gl. 3.94}$$

$$\frac{N_C}{N_O} = \frac{p_{CO_2} + p_{CO}}{2 \cdot p_{CO_2} + p_{CO} + 4 \cdot p_{O_2} + p_{H_2O} + p_{OH} + p_O + p_{NO}} \qquad \text{Gl. 3.95}$$

$$\frac{N_H}{N_O} = \frac{2 \cdot p_{H_2O} + 4 \cdot p_{H_2} + p_{OH} + p_H}{2 \cdot p_{CO_2} + p_{CO} + 4 \cdot p_{O_2} + p_{H_2O} + p_{OH} + p_O + p_{NO}} \qquad \text{Gl. 3.96}$$

Unter Verwendung der stöchiometrischen Koeffizienten

$$v_B = 1 \qquad \text{Gl. 3.97}$$

$$v_{O_2} = \lambda \cdot \left(x + \frac{y}{4} - \frac{z}{2} \right) = \frac{\zeta}{2} \qquad \text{Gl. 3.98}$$

ergibt sich für die linke Seite der Summenreaktionsgleichung der Verbrennung eines beliebigen Brennstoffes $C_xH_yO_z$ mit trockener Luft (nach Burcat [12]):

$$v_B \cdot C_xH_yO_z + v_{O_2} \cdot \left(O_2 + \frac{X_{i,L,N_2}}{X_{i,L,O_2}} \cdot N_2 + \frac{X_{i,L,CO_2}}{X_{i,L,O_2}} \cdot CO_2 + \frac{X_{i,L,Ar_2}}{X_{i,L,O_2}} \cdot Ar \right) \rightarrow \ldots$$
$$\text{Gl. 3.99}$$

Aus der Tatsache, sich über die Verbrennung hinweg konstant verhaltender Atomzahlen, lassen sich die Atomzahlverhältnisse aus den Edukten der Verbrennung bestimmen:

$$\frac{N_O}{N_N} = \frac{z + \zeta \cdot \left(1 + \dfrac{X_{i,L,CO_2}}{X_{i,L,O_2}} \right)}{\zeta \cdot \dfrac{X_{i,L,N_2}}{X_{i,L,O_2}}} \qquad \text{Gl. 3.100}$$

$$\frac{N_C}{N_O} = \frac{x + \dfrac{\zeta}{2} \cdot \dfrac{X_{i,L,CO_2}}{X_{i,L,O_2}}}{z + \zeta \cdot \left(1 + \dfrac{X_{i,L,CO_2}}{X_{i,L,O_2}} \right)} \qquad \text{Gl. 3.101}$$

$$\frac{N_H}{N_O} = \frac{y}{z + \zeta \cdot \left(1 + \dfrac{X_{i,L,CO_2}}{X_{i,L,O_2}} \right)} \qquad \text{Gl. 3.102}$$

Die Gleichgewichtszusammensetzung des Rauchgases lässt sich nun unter Vorgabe der im Brennraum herrschenden Temperatur T und des Gesamtdruckes p berechnen. Zur Lösung des nichtlinearen Gleichungssystems wird das von Grill [26] entwickelte numerische Verfahren (siehe Anhang Abschnitt D.) verwendet. Aus den mit Hilfe der Gleichgewichtsrechnung ermittelten Partialdrücken p_i kann nun der Stoffmengenanteil X_i

$$X_i = \frac{n_i}{n} \qquad \qquad \text{Gl. 3.103}$$

der einzelnen Spezies i durch Einsetzen in Gleichung 3.85 mit

$$X_i = \frac{p_i}{p} \qquad \qquad \text{Gl. 3.104}$$

berechnet werden. Die mittlere molare Masse M des Rauchgases lässt sich aus den Stoffmengenanteilen X_i und Molmassen M_i der enthaltenen Spezies mit

$$M = \sum_i M_i \cdot X_i \qquad \qquad \text{Gl. 3.105}$$

bestimmen. Die Molmasse M_i einer Spezies i ergibt sich wiederum aus den Atomzahlen $N_{i,j}$ und den Molmassen M_j der in ihr enthaltenen Elemente j:

$$M_i = \sum_j N_{i,j} \cdot M_j = \sum_j N_{i,j} \cdot \frac{m_j}{n_j} \qquad \qquad \text{Gl. 3.106}$$

Die Molmassen der betrachteten Spezies und ihrer Elemente können den Tabellen A.5 und A.6 im Anhang entnommen werden. Die Beziehung zwischen dem, durch das Verhältnis aus Partialmasse m_i und Gesamtmasse m definierten Massenanteil Y_i

$$Y_i = \frac{m_i}{m} \qquad \qquad \text{Gl. 3.107}$$

und dem Stoffmengenanteil X_i ist durch

$$Y_i = \frac{M_i}{M} \cdot X_i \qquad \qquad \text{Gl. 3.108}$$

gegeben.

3.3.3 Kalorische Stoffeigenschaften

Komponentenansatz
Zur Berechnung der kalorischen Stoffeigenschaften des Rauchgases verwendet Grill [26] in Anlehnung an [9], [16], [78], [77] den Komponentenansatz.

Es wird angenommen, dass das Rauchgas ein Gemisch aus den einzelnen, als ideale Gase betrachteten Spezies ist. So kann die gesuchte Stoffgröße Z des Gasgemisches über die Mischungsgleichung

$$Z = \sum_i Z_i \cdot Y_i \qquad \text{Gl. 3.109}$$

aus dem Massenanteil Y_i und der Stoffgröße Z_i der einzelnen Spezies i im Rauchgas ermittelt werden.

Individuelle Gaskonstante
Bei bekannter Gleichgewichtszusammensetzung kann die individuelle Gaskonstante R des Verbrennungsgases über die Mischungsgleichung 3.109 mit

$$R = \sum_i \frac{\Re}{M_i \cdot X_i} = \frac{\Re}{M} \qquad \text{Gl. 3.110}$$

ermittelt werden. Die individuellen Gaskonstanten R_i der einzelnen Spezies i sind durch das Verhältnis aus universeller Gaskonstante $\Re$ und jeweiliger Molmasse M_i gegeben.

Spezifische Enthalpie
Zur Berechnung der spezifischen Enthalpie h des Gemisches müssen zuerst die molaren Enthalpien $\tilde{H}_i^0$ der einzelnen Spezies i bestimmt werden. Die molare Enthalpie einer Spezies ist durch ihre molare Standardbildungsenthalpie $\Delta_f \tilde{H}_{T_0}^0$ (der Tabelle A.7 im Anhang zu entnehmen) und ihre Temperaturabhängigkeit durch

$$\tilde{H}_i^0 = \Delta_f \tilde{H}_{T_0}^0 + \int_{T_0}^{T} C_p^0 \, dT \qquad \text{Gl. 3.111}$$

definiert [24]. Die molare Standardbildungsenthalpie der reinen Elemente wird in deren stabilsten Zustand, gewöhnlich bei $T_0 = 298,15\,K$ und $p = 1\,atm$, zu Null gesetzt. Sie beschreibt die Energie, welche bei Standardzustand zur Bildung von 1 *mol* der Verbindung aus den enthaltenen Elementen aufgewendet werden muss, beziehungsweise bei der Bildung freigesetzt wird. Durch Einsetzen des ersten *NASA-Polynoms* (Gleichung 3.72) in Gleichung 3.111 ergibt sich für die molare Enthalpie einer Spezies:

$$\tilde{H}_i^0 = \Delta_f \tilde{H}_{T_{298}}^0 + \Re \cdot \int_{T_{298}}^{T} \left(a_1 + a_2 \cdot T + a_3 \cdot T^2 + a_4 \cdot T^3 + a_5 \cdot T^4 \right) dT$$

$$\text{Gl. 3.112}$$

Entsprechend der Mischungsgleichung 3.109 kann die spezifische Enthalpie h des Gemisches mit

$$h = \sum_i h_i \cdot Y_i \qquad \text{Gl. 3.113}$$

aus den einzelnen spezifischen Enthalpien h_i berechnet werden:

$$h_i = \frac{\tilde{H}_i^0}{M_i} \qquad \text{Gl. 3.114}$$

Spezifische Wärmekapazitäten

Die spezifische isobare Wärmekapazität c_p des Rauchgases lässt sich analog unter Verwendung der Mischungsgleichung 3.109 über die spezifischen isobaren Wärmekapazitäten $c_{p,i}$ der einzelnen Spezies und deren Massenanteil Y_i bestimmen:

$$c_p = \sum c_{p,i} \cdot Y_i \qquad \text{Gl. 3.115}$$

Die spezifischen isobaren Wärmekapazitäten der einzelnen Spezies sind durch das Verhältnis aus molarer isobarer Wärmekapazität $\tilde{C}_p^0$, welche sich mit Hilfe des ersten *NASA – Polynoms* 3.72 ermitteln lässt, und molarer Masse M_i gegeben:

$$c_{p,i} = \frac{\tilde{C}_p^0}{M_i} = \frac{\Re \cdot \left(a_1 + a_2 \cdot T + a_3 \cdot T^2 + a_4 \cdot T^3 + a_5 \cdot T^4\right)}{M_i} \qquad \text{Gl. 3.116}$$

Die spezifische isochore Wärmekapazität c_v kann mit

$$c_v = c_p - R \qquad \text{Gl. 3.117}$$

ermittelt werden. Weiter ergibt sich daraus der Isentropenexponent κ mit der Beziehung:

$$\kappa = \frac{c_p}{c_v} \qquad \text{Gl. 3.118}$$

Spezifische innere Energie

Sind die spezifische Enthalpie h und die individuelle Gaskonstante R bekannt, kann die spezifische innere Energie u in Abhängigkeit der Temperatur T berechnet werden:

$$u = h - R \cdot T \qquad \text{Gl. 3.119}$$

Transporteigenschaften des Rauchgases

Bei bekannter Zusammensetzung des Rauchgases lassen sich im Anschluss an die Gleichgewichtsrechnung neben den kalorischen Eigenschaften zusätzlich die Transporteigenschaften des Gemisches bestimmen. Bedingt durch die freie Beweglichkeit der Gasmoleküle und die bei einer Molekülbewegung auftretenden Stoßprozesse können Masse, Impuls und Energie der Teilchen innerhalb des Gases transportiert werden. Zu diesen Transportphänomenen der Wärme und Stoffübertragung zählen unter anderem der Impulstransport infolge der *Viskosität* und der Energietransport durch *Wärmeleitung*, ohne dass die Moleküle selbst makroskopisch am Transport teilnehmen müssen und sich nur mikroskopisch ungeordnet bewegen [17]. Die Bestimmung der Wärmeleitfähigkeit $\lambda_{c,i}$ und der dynamischen Viskosität $\eta_{v,i}$ der einzelnen Spezies i kann, wie in Unterabschnitt 3.2.2 erwähnt, nach McBride et al. [54] mit Hilfe empirisch ermittelter Polynomansätze zweiten Grades erfolgen:

$$ln\ \lambda_{c,i} = A_\lambda \cdot ln\ T + \frac{B_\lambda}{T} + \frac{C_\lambda}{T^2} + D_\lambda \qquad \text{Gl. 3.120}$$

$$ln\ \eta_{v,i} = A_\eta \cdot ln\ T + \frac{B_\eta}{T} + \frac{C_\eta}{T^2} + D_\eta \qquad \text{Gl. 3.121}$$

Die zur Berechnung benötigten Koeffizienten können ebenfalls [54] entnommen werden (vgl. Tabellen A.8, A.9, A.10 und A.11 im Anhang). In [25] gibt Gordon für die Berechnung der Wärmeleitfähigkeit λ_c und der dynamischen Viskosität η_v einer Mischung im eingefrorenen Zustand folgende Gleichungen an:

$$\lambda_{c,fr} = \sum_{i=1}^{N} \frac{X_i \cdot \lambda_i}{X_i + \sum_{\substack{j=1 \\ j \neq i}}^{N} X_j \cdot \psi_{ij}} \qquad \text{Gl. 3.122}$$

$$\eta_v = \sum_{i=1}^{N} \frac{X_i \cdot \eta_i}{X_i + \sum_{\substack{j=1 \\ j \neq i}}^{N} X_j \cdot \varphi_{ij}} \qquad \text{Gl. 3.123}$$

$$\psi_{ij} = \varphi_{ij} \cdot \left[1 + \frac{2,41 \cdot (M_i - M_j) \cdot (M_i - 0,142 \cdot M_j)}{(M_i + M_j)^2} \right] \qquad \text{Gl. 3.124}$$

$$\varphi_{ij} = \frac{1}{4} \left[1 + \left(\frac{\eta_i}{\eta_j} \right)^{1/2} \left(\frac{M_j}{M_i} \right)^{1/4} \right]^2 \cdot \left(\frac{2M_j}{M_i + M_j} \right)^{1/2} \qquad \text{Gl. 3.125}$$

3.4 Heizverlaufsberechnung

Eine energetische Beurteilung der im Brennraum ablaufenden Vorgänge über eine thermodynamische Analyse des Brennverlaufes ist in Echtzeit aufgrund der begrenzten Rechen- und Speicherleistung heutiger Motorsteuergeräte nur schwer realisierbar. Vor allem die Modellierung der Wandwärme- und Leckageverluste sowie die Berechnung der Rauchgaskalorik gestalten sich durch deren iterative Lösung als sehr rechenintensiv. Daher wird zur energetischen Beurteilung und als Basis für die Regelung der Verbrennung der differentielle Heizverlauf $dQ_H/d\varphi$ als erste Näherung des Brennverlaufes verwendet. Jippa [40] vergleicht die unterschiedlichen Ansätze nach Bargende [5],[6], Hohenberg [35] und Rassweiler/ Withrow [62] hinsichtlich derer benötigten Rechenzeit und derer auf den Brennverlauf bezogen Exaktheit. Im Rahmen dieser Arbeit erfolgt die Heizverlaufsberechnung nach dem in [6] vorgestellten Ansatz, welchen Jippa [40] hinsichtlich Rechengenauigkeit empfiehlt.

Wird der 1. Hauptsatz der Thermodynamik in der Hochdruckphase des Arbeitsspieles $(-180 \leq \varphi \leq 180\,°KW)$ betrachtet, gilt für das geschlossene System:

$$\frac{dQ_B}{d\varphi} = \frac{dU}{d\varphi} - \frac{dQ_W}{d\varphi} + p_Z \cdot \frac{dV_Z}{d\varphi} - \frac{dH_L}{d\varphi} \qquad \text{Gl. 3.126}$$

Der differentielle Heizverlauf ist unter Vernachlässigung der Leckageverluste als Summe aus Brennverlauf und Wandwärmestrom definiert:

$$\frac{dQ_H}{d\varphi} = \frac{dQ_B}{d\varphi} + \frac{dQ_W}{d\varphi} = \frac{dU}{d\varphi} + p_Z \cdot \frac{dV_Z}{d\varphi} - \underbrace{\frac{dH_L}{d\varphi}}_{\approx 0} \qquad \text{Gl. 3.127}$$

Wird vereinfachend angenommen, dass die innere Energie nicht vom Druck und der Zusammensetzung des Arbeitsgases abhängt und wird zusätzlich eine Änderung der Zylindermasse ausgeschlossen,

$$\frac{dU}{d\varphi} = \frac{d\left(m_Z \cdot u\right)}{d\varphi} = m_Z \cdot \frac{du}{d\varphi} + \underbrace{\frac{dm_Z}{d\varphi}}_{\approx 0} \cdot u$$

$$= m_Z \cdot \left(\underbrace{\frac{\partial u_Z}{\partial T_Z} \cdot \frac{dT_Z}{d\varphi}\bigg|_{p_Z,\lambda_Z}}_{=c_v} + \underbrace{\frac{\partial u_Z}{\partial p_Z} \cdot \frac{dp_Z}{d\varphi}\bigg|_{T_Z,\lambda_Z}}_{\approx 0} + \underbrace{\frac{\partial u_Z}{\partial \lambda_Z} \cdot \frac{\lambda_Z}{d\varphi}\bigg|_{T_Z,p_Z}}_{\approx 0} \right)$$

$$\text{Gl. 3.128}$$

lässt sich der differentielle Heizverlauf mit Gleichung 3.128 in Gleichung 3.127 eingesetzt, wie folgt schreiben:

$$\frac{dQ_H}{d\varphi} = m_Z \cdot c_v \cdot \frac{dT}{d\varphi} + p_Z \cdot \frac{dV_Z}{d\varphi} \qquad \text{Gl. 3.129}$$

Bei Vernachlässigung der Änderung der individuellen Gaskonstante R_Z führt Gleichung 3.129 unter Zuhilfenahme der thermischen Zustandsgleichung

$$p_Z \cdot \frac{dV_Z}{d\varphi} + V_Z \cdot \frac{dp_Z}{d\varphi} = m_Z \cdot R_Z \cdot \frac{dT_Z}{d\varphi} + m_Z \cdot T_Z \cdot \underbrace{\frac{dR_Z}{d\varphi}}_{\approx 0} + R_Z \cdot T_Z \cdot \underbrace{\frac{dm_Z}{d\varphi}}_{\approx 0}$$

$$\text{Gl. 3.130}$$

zu

$$\frac{dQ_H}{d\varphi} = \frac{c_v}{R_Z} \cdot \left(p_Z \cdot \frac{dV_Z}{d\varphi} + V_Z \cdot \frac{dp_Z}{d\varphi} \right) + p_Z \cdot \frac{dV_Z}{d\varphi} \qquad \text{Gl. 3.131}$$

Mit dem Zusammenhang zwischen spezifisch isochorer Wärmekapazität c_v, spezifisch isobarer Wärmekapazität c_p, individueller Gaskonstante R_Z und dem Isentropenexponenten κ:

$$\frac{c_v}{R_Z} = \frac{c_v}{c_p - c_v} = \frac{1}{c_p/c_v - 1} = \frac{1}{\kappa - 1} \qquad \text{Gl. 3.132}$$

lässt sich der differentielle Heizverlauf lediglich aus dem gemessenen Brennraumdruck p_Z, der Volumenfunktion des Kolbentriebes $dV_Z/d\varphi$ und dem Isentropenexponenten κ mit:

$$\frac{dQ_H}{d\varphi} = \frac{\kappa}{\kappa - 1} \cdot p_Z \cdot \frac{dV_Z}{d\varphi} + \frac{1}{\kappa - 1} \cdot V_Z \cdot \frac{dp_Z}{d\varphi} \qquad \text{Gl. 3.133}$$

berechnen. Die Temperaturabhängigkeit des Isentropenexponenten κ wird im Rahmen dieser Arbeit durch einen empirischen Ansatz nach [8] mit

$$\frac{1}{\kappa - 1} = 2,39 + 0,0008 \cdot \frac{T_{Z,-60}}{p_{Z,-60} \cdot V_{Z,-60}} \cdot p_Z \cdot V_Z \qquad \text{Gl. 3.134}$$

modelliert. In Abbildung 3.7 ist zum Vergleich der differentielle Heizverlauf $dQ_H/d\varphi$ und der nach Kapitel 3 berechnete Brennverlauf $dQ_B/d\varphi$ eines ausgewählten Betriebspunktes im DPF-Regenerationsbrennverfahren dargestellt.

Um zusätzlich den prozentualen Fortschritt der Energiefreisetzung im Brennraum zu quantifizieren, wird der differentielle Heizverlauf integriert und normiert. Als Grenzwerte für die Normierung werden das lokale Minimum und

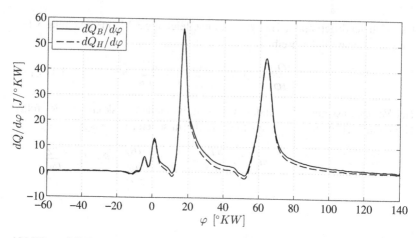

Abbildung 3.7: Brenn- und Heizverlauf ($n = 1000 \; min^{-1}$, $p_{mi} = 11,0 \; bar$)

Maximum des integralen Heizverlaufes herangezogen. Das lokale Minimum liegt, bedingt durch die für die Verdampfung der Voreinspritzung aufzubringende Enthalpie, im negativen Bereich. Zwar ist diese Normierung im thermodynamischen Sinn nicht ganz korrekt, da der normierte Summenheizverlauf vor Einsetzen der Verbrennung im Positiven verläuft. Jedoch ist es so möglich, ausschließlich die Energiefreisetzung aus der Verbrennung zu beschreiben und deren Fortschritt auf die Kurbelwinkelstellung zu beziehen.

3.5 Charakteristische Verbrennungskennwerte

Im Rahmen der vorliegenden Arbeit werden die charakteristischen Verbrennungskenngrößen im Hinblick auf eine echtzeitfähige Berechnung auf einem Motorsteuergerät ausgewählt und konzipiert. Aus dem indizierten Brennraumdruckverlauf lassen sich sowohl direkt Kenngrößen zur Beurteilung des motorischen Arbeitsprozesses als auch auf Basis des Heizverlaufes thermodynamische Kenngrößen, welche den Ablauf der Verbrennung charakterisieren, ableiten.

3.5.1 Indizierter Mitteldruck

Der Mitteldruck p_m ist neben dem Drehmoment M die elementare Größe zur Beurteilung der verrichteten Arbeit W_t eines Verbrennungszyklus. Er dient in der Motorenentwicklung als Normierung, um Motoren unterschiedlicher Hubraumvolumina miteinander vergleichen zu können. Der Mitteldruck entspricht der auf den Hubraum bezogenen, verrichteten Arbeit. Die Volumenänderungsarbeit W_t lässt sich bei thermodynamischen Systemen wie folgt berechnen:

$$dW_t = p \cdot A_k \cdot ds = p \cdot dV \qquad \text{Gl. 3.135}$$

Durch Integration über ein Arbeitsspiel ergibt sich die indizierte Arbeit W_i des Verbrennungszyklus:

$$W_i = \oint p \cdot dV \qquad \text{Gl. 3.136}$$

Sie entspricht der im p,V-Diagramm eingeschlossenen Fläche und lässt sich bei 4-Takt-Motoren in eine Hochdruck- und eine Ladungswechselphase unterteilen. Der *Mitteldruck* ist die auf das Hubvolumen V_h eines Zylinders bezogene Arbeit und kann direkt aus dem indizierten Druckverlauf berechnet werden:

$$p_{mi} = \frac{W_i}{V_h} = \frac{1}{V_h} \oint p \cdot dV \qquad \text{Gl. 3.137}$$

Erfolgt die Integration lediglich über das Kurbelwinkelintervall zwischen den beiden unteren Totpunkten eines Arbeitsspieles ($-180 \leq \varphi \leq 180\,°KW$), lässt sich der indizierte Mitteldruck der Hochdruckphase $p_{mi,HD}$ mit

$$p_{mi,HD} = \frac{W_{i,HD}}{V_h} = \frac{1}{V_h} \int_{-180°KW}^{180°KW} p \cdot dV \qquad \text{Gl. 3.138}$$

berechnen. Dieser soll als Kenngröße für die innere Arbeit eines Zylinders, respektive die Motorlast verwendet werden. Weiter lässt sich aus dem indizierten Mitteldruck p_{mi} das indizierte Moment M_i bestimmen. Beide sind zueinander proportional und deren Zusammenhang bei 4-Taktmotoren mit $k = 1/2$ wie folgt definiert:

$$M_i = \frac{V_H \cdot p_{mi} \cdot k}{2\pi} \qquad \text{Gl. 3.139}$$

3.5.2 Globale Umsatzpunkte der Verbrennung

Die im Rahmen dieser Arbeit untersuchten Sonderbrennverfahren gleichen sich, wie später in Abschnitt 4.1 diskutiert, jeweils in späten Kraftstoffeinspritz- und Verbrennungslagen zur Temperaturerhöhung des Abgases. So liegt es nahe, Verbrennungsmerkmale zu definieren, welche den zeitlichen Ablauf der Verbrennung quantifizieren. Um den Verlauf des Kraftstoffmassenumsatzes im Brennraum mit charakteristischen Kenngrößen zu beschreiben, wird der normierte integrale Heizverlauf ausgewertet. Hieraus lassen sich Zeitpunkte beziehungsweise Kurbelwinkelstellungen ableiten, bei welchen ein definiert großer prozentualer Anteil des Kraftstoffes umgesetzt ist.

Vor allem bei hoher Drehzahl und Last ist der Heizverlauf jedoch von Störsignalen infolge von Signalrauschen und Thermoschock des Sensors überlagert. Dies erschwert eine stabile Bestimmung des realen Verbrennungsbeginns und -endes. So ist es nicht zielführend, den Verbrennungsbeginn mit dem lokalen Minimum und das Verbrennungsende mit dem Maximum des integralen Heizverlaufes zu beschreiben. Der Verbrennungsbeginn soll daher dem Zeitpunkt entsprechen, bei welchem eine erste merkliche Energiefreisetzung im Brennraum detektierbar ist. Er wird als jener Kurbelwinkel definiert, bei dem 2 % der gesamten Energie im Brennraum umgesetzt ist:

$$H_2 = \varphi(\underbrace{Q_{H,norm}}_{=0,02})$$
$\qquad$ Gl. 3.140

Eine Bestimmung des Verbrennungsendes wird dadurch erschwert, dass der differentielle Heizverlauf infolge der getroffenen Modellvereinfachungen und des Thermoschocks der Indizierquarze auch nach dem realen Ende der Verbrennung weiter im positiven Wertebereich verlaufen kann. Dies resultiert in einem streng monotonen Anstieg des integralen Heizverlaufes, was eine Bestimmung des Verbrennungsendes über dessen Maximum ausschließt. Analog zum Verbrennungsbeginn H_2 wird daher das Verbrennungsende H_{98} über den Kurbelwinkel φ, bei welchem 98 % der Energie umgesetzt ist, definiert:

$$H_{98} = \varphi(\underbrace{Q_{H,norm}}_{=0,98})$$
$\qquad$ Gl. 3.141

So beschreibt die hier vorgestellte Methodik den Verbrennungsbeginn und das Verbrennungsende mit einem jeweils unbekannten systematischen Versatz zur realen Verbrennung.

Da sowohl der Verbrennungsbeginn als auch das -ende nicht den Ablauf der Verbrennung charakterisieren, wird weiter die globale Verbrennungsschwerpunktlage H_{50} ermittelt. Es sei vermerkt, dass in dieser Arbeit mit Verbrennungsschwerpunkt nicht der Kurbelwinkel des Flächenschwerpunktes des integralen Heizverlaufes bezeichnet wird. Als Verbrennungsschwerpunkt wird folgend jene Kurbelwinkelstellung φ benannt, bei welcher 50 % der Energie eines Arbeitsspieles umgesetzt ist:

$$H_{50} = \varphi(\underbrace{Q_{H,norm}}_{=0,50}) \qquad \text{Gl. 3.142}$$

Analog dazu kann der Ablauf der Verbrennung durch weitere prozentuale Umsatzpunktlagen H_x beschrieben werden. Abbildung 3.8 zeigt die auf Basis des normierten integralen Heizverlaufes vorgestellten Umsatzpunkte eines Betriebspunktes im DPF-Regenerationsbrennverfahren. Jedoch lässt das Kurbelwin-

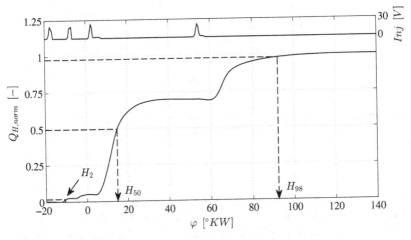

Abbildung 3.8: Globale Umsatzpunkte ($n = 1400 \ min^{-1}$, $p_{mi} = 13,3 \ bar$)

kelintervall $30 \leq \varphi \leq 65 \ ^\circ KW$ die durch die Einspritzstrategie bedingt auftretende Problematik bei den in Abschnitt 4.1 vorgestellten Sonderbrennverfahren erahnen. So kann bei diesem Betriebspunkt beispielsweise der Zeitpunkt, bei welchem 70 % der Energie umgesetzt ist, aufgrund eines sich ausbildenden Heizverlaufsplateaus in Kombination mit zyklischen Verbrennungsschwankungen keinem eindeutigen Kurbelwinkel zugeordnet und als robustes Regelmerkmal verwendet werden. Grund für die Entstehung dieses Plateaus ist die in diesem Intervall sehr geringe beziehungsweise nicht vorhandene Wärmefreisetzung zwischen den Verbrennungsphasen der Haupt- und Nachverbrennung. Infolge der zyklischen Schwankungen liegt hier der H_{70} von Arbeitsspiel zu Arbeitsspiel teils vor und teils nach dem Heizverlaufsplateau, während der H_{50} nur geringfügig um den Kurbelwinkel $\varphi = 15,5\ ^\circ KW$ schwankt, wie Abbildung 3.9 anhand von 4 Arbeitsspielen zeigt.

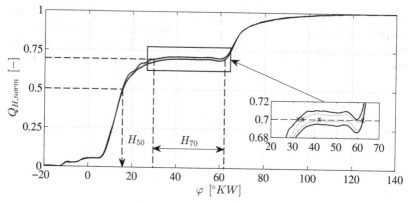

Abbildung 3.9: Integrale, normierte Heizverläufe von Zylinder 1 bei 4 Arbeitsspielen ($n = 1400\ min^{-1}$, $p_{mi} = 13,3\ bar$)

Weiter verdeutlichen lässt sich dieser Konflikt mit der Standardabweichung σ der Umsatzpunkte. In Abbildung 3.10 sind über 100 Arbeitsspiele die ermittelten globalen H_{50} und H_{70} Lagen der einzelnen Zylinder dargestellt. Tabelle 3.1 listet die Standardabweichungen σ_{H_x} der beiden Umsatzpunktlagen auf. Hier zeigt sich noch einmal, dass das Plateau durch zyklische Verbrennungsschwankungen um die 70 % Umsatzpunktlage pendelt und im Gegensatz zu H_{50} keine robuste Detektion von H_{70} möglich ist. So ist die Standardabweichung $\sigma_{H_{70}}$ um ein Vielfaches größer als $\sigma_{H_{50}}$. Unterabschnitt 6.1.1 vorweggenommen resultiert die Problematik aus der Tatsache, dass im DPF-Regenerationsbrennverfahren das Heizverlaufsplateau von einem geringen Niveau bei niedrigen Lasten zu einem hohen Niveau bei großen Lasten „wandert", was eine robuste Detektion und somit die Verwendung eines globalen Umsatzpunktes als Regelmerkmal für den gesamten Kennfeldbereich erschwert.

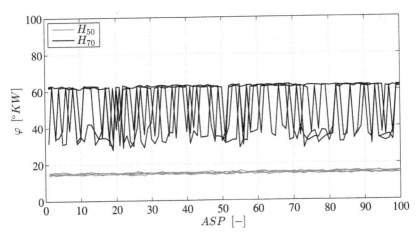

Abbildung 3.10: Zylinderindividuelle H_{50} und H_{70} Lagen über 100 Arbeitsspiele $(n = 1400\ min^{-1},\ p_{mi} = 13,3\ bar)$

Tabelle 3.1: Zylinderindividuelle Standardabweichung der Umsatzpunktlagen

		Zylinder1	Zylinder2	Zylinder3	Zylinder4
$\sigma_{H_{50}}$	$[°KW]$	0,25	0,29	0,29	0,27
$\sigma_{H_{70}}$	$[°KW]$	12,49	8,66	10,67	14,25

3.5.3 Anteil einzelner Einspritzungen am energetischen Gesamtumsatz

Aus dem normierten integralen Heizverlauf lassen sich weiter die prozentualen Anteile der einzelnen Einspritzungen an der gesamten Energiefreisetzung ablesen. Um den Anteil der Voreinspritzungen Y_{PI} zu ermitteln, muss deren Verbrennungsende bestimmt werden. Unterabschnitt 6.1.1 vorweggenommen, kann dieses mit dem hydraulischen Ansteuerbeginn, in diesem Fall dem der Haupteinspritzung φ_{MI}, definiert werden. Dieser beschreibt die Kurbelwinkelstellung bei tatsächlichem Injektionsbeginn des Kraftstoffes. Der Anteil der Voreinspritzungen lässt sich bestimmen mit:

$$Y_{PI} = Q_{H,norm,\varphi_{MI}} \cdot 100 \qquad \text{Gl. 3.143}$$

Analog muss für die Bestimmung des Anteils der Haupteinspritzung Y_{MI} das Verbrennungsende der Hauptverbrennung festgelegt werden. Definiert wird

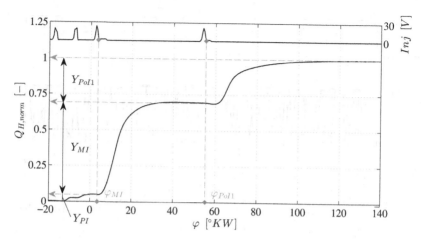

Abbildung 3.11: Prozentualer Anteil der Einspritzungen am Gesamtumsatz ($n = 1400\ min^{-1}$, $p_{mi} = 13,3\ bar$)

dieses mit dem hydraulischen Ansteuerbeginn der Nacheinspritzung φ_{PoI1}. Für den Anteil der Haupteinspritzung Y_{MI} gilt:

$$Y_{MI} = Q_{H,norm,\varphi_{PoI1}} \cdot 100 - Y_{PI} \qquad\qquad \text{Gl. 3.144}$$

Der Anteil der Nacheinspritzung lässt sich mit

$$Y_{PoI1} = \left(1 - Q_{H,norm,\varphi_{PoI1}}\right) \cdot 100 \qquad\qquad \text{Gl. 3.145}$$

bestimmen. Es sei darauf hingewiesen, dass dieser Ansatz nur für die hier beschriebene Nacheinspritzung mit abgesetzter Lage zur Haupteinspritzung verwendet werden kann. Der Anteil einer in die brennende Haupteinspritzung injizierten frühen Nacheinspritzung, auch *Close PoI* genannt, kann mit dieser Rechenvorschrift nicht zuverlässig ermittelt werden. In Abbildung 3.11 sind die prozentualen Anteile der Einspritzungen dargestellt.

3.5.4 Massenmitteltemperatur im Brennraum

Wie in Unterabschnitt 3.5.2 erwähnt, besitzen die in Abschnitt 4.1 untersuchten Sonderbrennverfahren höhere Abgastemperaturen als das Normalbrennverfahren. Erreicht werden diese nicht durch etwa eine deutlich höhere Maximaltemperatur während der Verbrennung sondern durch einen zeitlich differenten

Kraftstoffumsatz mit einer höheren Brennraumauslasstemperatur. Ausgehend von der thermischen Zustandsgleichung (Gleichung 3.16) kann über den gesamten Hochdrucktakt der Verlauf der Massenmitteltemperatur T_Z im Brennraum unter Annahme einer konstanten Zylindermasse $dm/d\varphi = 0$ und einer konstanten individuellen Gaskonstante $dR/d\varphi = 0$ aus dem aktuellen Brennraumvolumen V_Z und dem Druckverlauf p_Z berechnet werden:

$$T_Z = \frac{p_Z \cdot V_Z}{m \cdot R} \qquad \text{Gl. 3.146}$$

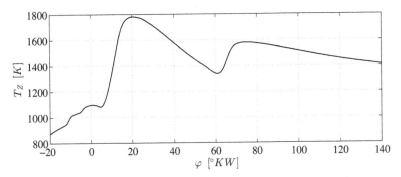

Abbildung 3.12: Brennraumtemperatur ($n = 1400\ min^{-1}$, $p_{mi} = 13,3\ bar$)

Abbildung 5.1: …

4 Analyse verschiedener Sonderbrennverfahren

4.1 Sonderbrennverfahren beim Pkw-Dieselmotor

Wie einleitend beschrieben, werden heutige Dieselmotoren zur Einhaltung der gesetzlichen Abgasgrenzwerte mit kombinierten Abgasnachbehandlungssystemen ausgestattet. Um stets eine verbrauchs- und emissionsoptimale Funktion des Gesamtsystems Motor und Abgasanlage zu gewährleisten, wird der Motor je nach eigenem Zustand und dem der verbauten Abgasnachbehandlungssysteme mit unterschiedlichen Brennverfahren betrieben. Diese Verbrennungsmodi unterscheiden sich im Wesentlichen in deren Einspritzstrategie und Luftpfadapplikation. Die Grundbetriebsart wird als Normalbrennverfahren (NRM) bezeichnet. Sie ist, wie in Kapitel 2 erläutert, Gegenstand zahlreicher Arbeiten zur zylinderdruckbasierten Verbrennungsregelung, weswegen hier nur kurz darauf eingegangen werden soll. Üblicherweise besteht dessen Einspritzstrategie aus ein bis zwei Voreinspritzungen und einer maßgeblich Drehmoment bildenden Haupteinspritzung. Primäres Ziel des Einsatzes der Voreinspritzungen ist es, den Brennraum für die Haupteinspritzung vorzukonditionieren und das Verbrennungsgeräusch zu senken. Infolge des verkürzten Zündverzuges verringert sich der Anteil der vorgemischten Verbrennung beziehungsweise vergrößert sich der Anteil der diffusionskontrollierten Verbrennung. Der Brennstoffmassenumsatz resultiert dadurch in einem flacheren Druckgradienten, was zu einer deutlichen Minderung des dieseltypischen Verbrennungsgeräusches führt. Negativ wirken sich die Piloteinspritzungen jedoch im Allgemeinen auf die Partikelemissionen aus. Diese werden daher in lediglich geringen Mengen nahe der Stabilitätsgrenze injiziert. Die weiteren Betriebsmodi werden als *Sonderbrennverfahren* bezeichnet. Exemplarisch werden folgend beim Betriebspunkt $n = 1400 \ min^{-1}$ und $p_{mi} = 5,2 \ bar$ deren Unterschiede zum Normalbrennverfahren anhand der Einspritzstrategien und mit Hilfe thermodynamischer Betrachtungen mittels Druckverlaufsanalysen ausgeführt. Als Versuchsträger für die thermodynamische Analyse wird dazu der in Abschnitt 5.1 beschriebene Dieselmotor verwendet. Die unterschiedlichen Einspritzraten werden mit einem Einspritzverlaufsindikator (EVI) vermessen, dessen Messprinzip im Detail [44] entnommen werden kann.

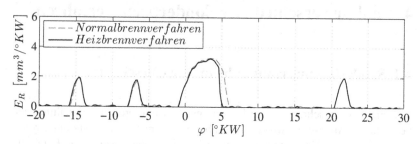

Abbildung 4.1: Einspritzstrategien in NRM und HBV ($n = 1400\ min^{-1}$, $p_{mi} = 5,4\ bar$)

4.1.1 Heizbrennverfahren

Bei einem Kaltstart des Motors, kann dieser unter Umständen nicht genügend Wärme für die Innenraumheizung des Fahrzeuges bereitstellen, weswegen zusätzliche den Wirkungsgrad η verschlechternde Heizmaßnahmen erforderlich sind. Weiter sind für die Erfüllung der gesetzlichen Abgasgrenzwerte bei einem Kaltstart teilweise Maßnahmen notwendig um die unterschiedlichen Abgasnachbehandlungssysteme, wie beispielsweise einen Dieseloxidationskatalysator (DOC), möglichst früh auf deren Light-off-Temperatur zu erhitzen. Als Light-off-Temperatur wird jene Temperatur bezeichnet, bei welcher der Umsatz im Katalysator 50% beträgt [57]. Bei aktuellen DOC-Beschichtungen liegt diese im Falle des HC-Umsatzes bei ca. 160°C [68]. Neben Maßnahmen, wie die Anhebung der Generatorlast, wird der Prozesswirkungsgrad im Wesentlichen durch ein spezielles Rapid Heat Up Brennverfahren, im Folgenden Heizbrennverfahren (HBV) genannt, erniedrigt. Zur Veranschaulichung ist in Abbildung 4.1 und Tabelle 4.1 dessen Einspritzstrategie mit der des Normalverbrennungsmodus verglichen. Es ist ersichtlich, dass sich dieses bei gleichem Einspritzmuster der Voreinspritzungen vom Normalverbrennungsmodus lediglich durch eine kleinere Haupteinspritzmasse m_{MI} und eine zusätzlich bei $\varphi = 20°KW$ injizierte Nacheinspritzung (PoI1) unterscheidet.

Aufschluss über den Ablauf der Verbrennung beim Normal- und Heizbrennverfahren soll jeweils eine Druckverlaufsanalyse nach Abschnitt 3.2 geben. In Abbildung 4.2 sind die Ergebnisse in grau für den Normalverbrennungsmodus und in schwarz für das Heizbrennverfahren dargestellt. Im unteren Teil der Grafik sind mit durchgezogenen Linien die indizierten Druckverläufe p_Z und mit gestrichelten Linien die Brennraumtemperaturen T_Z aufgetragen. In der Mitte der Auswertung sind in Strichpunktlinien die differentiellen Brennverläufe $dQ_B/d\varphi$ und mit durchgezogenen Linien die integralen Brennverläu-

Tabelle 4.1: Einspritzmassen in NRM und HBV ($n = 1400\ min^{-1}$, $p_{mi} = 5,4\ bar$)

	m_{PI1}	m_{PI2}	m_{MI}	m_{PoI1}	m_{PoI2}	m_B
NRM [mg/ASP]	1,49	1,29	14,45	0,00	0,00	17,23
HBV [mg/ASP]	1,49	1,30	13,22	2,00	0,00	18,01

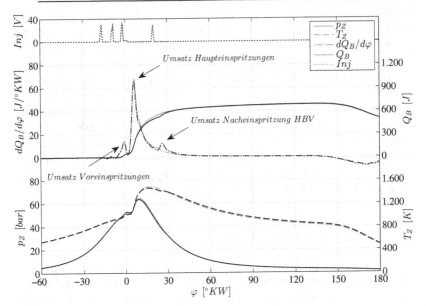

Abbildung 4.2: Druckverlaufsanalyse in NRM (grau) und HBV (schwarz) ($n = 1400\ min^{-1}$, $p_{mi} = 5,4\ bar$)

fe Q_B abgebildet, welche die aktuelle beziehungsweise die bis dato integrale Energiefreisetzung aus der Verbrennung beschreiben. Komplettiert wird die Auswertung durch den jeweiligen Spannungsverlauf des Einspritzsystems Inj in gepunkteten Linien im oberen Teil der Abbildung.

Werden die beiden Kurven der differentiellen Brennverläufe $dQ_B/d\varphi$ miteinander verglichen, ist ersichtlich, dass aufgrund identischer Voreinspritzlagen und -mengen und gleicher Einspritzbeginne der Haupteinspritzung die Wärmefreisetzung beider Brennverfahren bis zum Maximum des Heizbrennverfahrens bei $\varphi = 6°KW$ identisch verläuft. Während beim Heizbrennverfahren der differentielle Brennverlauf ab dieser Kurbelwinkelstellung wieder abfällt, steigt dieser beim Normalbrennverfahren aufgrund der geringfügig größeren

Haupteinspritzmenge noch $0,5\ °KW$ weiter an und verläuft anschließend auf einem leicht höheren Niveau im Ausbrand. Hingegen ist beim Heizbrennverfahren zusätzlich die Energiefreisetzung aus der Verbrennung der Nacheinspritzmasse mit einem Maximum von $12\ J$ bei $\varphi = 26\ °KW$ zu erkennen. So verlaufen vor der Oxidation der PoI1 sowohl der integrale Brennverlauf Q_B als auch die Brennraumtemperatur T_Z beim Heizbrennverfahren auf einem geringfügig niedrigeren Niveau als bei der Grundbetriebsart. Erst nach Umsatz der Nacheinspritzmasse ist beim Heizbrennverfahren die gewünschte Temperaturerhöhung gegenüber dem Normalbrennverfahren erkennbar. Da die angelagerte Nacheinspritzmasse beim untersuchten Betriebspunkt aus Kompromissgründen zwischen Verbrauchsverschlechterung und Heizleistung jedoch nur $2\ mg$ beträgt, ist die Brennraumtemperatur nach dem Ende der Verbrennung beim Heizbrennverfahren lediglich um $10\ K$ höher als im Normalbrennverfahren. Auch wenn in diesem speziellen Fall die Temperaturen nicht signifikant erhöht werden, ist dennoch der grundsätzliche Fokus einer Wirkungsgradverschlechterung durch das Einbringen einer Nacheinspritzung klar zu erkennen. Die gemessene Temperatur vor Turbineneintritt T_3 beträgt beim Normalbrennverfahren $593\ K$ und beim Heizbrennverfahren $601\ K$.

4.1.2 Dieselpartikelfilterregeneration

Um den im Dieselpartikelfilter abgeschiedenen Ruß mit dem im Abgas enthaltenen Restsauerstoff zu oxidieren, werden höhere Abgas- bzw. Filteroberflächentemperaturen benötigt als der Normalverbrennungsmodus bereitstellt. Ausgenommen sei hier der Volllastbetrieb. Zwar wird durch den CRT-Effekt[1] ein katalytisch beschichteter Dieselpartikelfilter bei Temperaturen zwischen 250°C und 450°C passiv regeneriert [69], jedoch bedarf es aus Sicherheitsgründen und bei zeitlich längerem Betrieb im Niedriglastbereich, wie dem Stadtverkehr, einer regelmäßigen aktiven Filterregeneration bei Abgastemperaturen von über 600°C [31]. Neben einer Androsselung der Ladeluft wird die Gastemperatur vor dem DPF im Wesentlichen durch ein verändertes Einspritzprofil erhöht. In Abbildung 4.3 und Tabelle 4.2 ist die Einspritzstrategie des DPF-Regenerationsbrennverfahrens (DPF-Rgn) mit der des Normalverbrennungsmodus verglichen. Es ist deutlich ersichtlich, dass sich das DPF-Regenerationsbrennverfahren von der Grundbetriebsart durch ein wesentlich

---

[1]CRT (Continuous Regeneration Trap): Beim CRT-Effekt wird das im Abgas enthaltene Stickstoffmonoxid (NO) durch einen, dem DPF vorgeschalteten DOC mit dem im Abgas enthaltenem Restsauerstoff (O_2) zu Stickstoffdioxid (NO_2) oxidiert, welches bei Temperaturen zwischen 250°C und 450°C mit dem im katalytisch beschichteten DPF abgeschiedenen Kohlenstoff (C) (Hauptbestandteil von Ruß) zu Kohlendioxid (CO_2) reagiert.

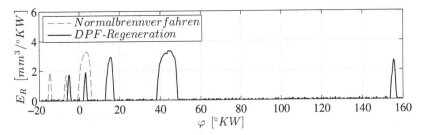

Abbildung 4.3: Einspritzstrategien in NRM und DPF-Rgn ($n = 1400\ min^{-1}$, $p_{mi} = 5,4\ bar$)

Tabelle 4.2: Einspritzmassen in NRM und DPF-Rgn ($n = 1400\ min^{-1}$, $p_{mi} = 5,4\ bar$)

	m_{PI1}	m_{PI2}	m_{MI}	m_{PoI1}	m_{PoI2}	m_B
NRM [mg/ASP]	1,49	1,29	14,45	0,00	0,00	17,23
DPF-Rgn [mg/ASP]	1,50	1,00	6,57	20,75	3,09	32,91

späteres Einspritzmuster unterscheidet. So werden die Voreinspritzungen und die Haupteinspritzung um 10 bis 15 °KW später eingespritzt. Ergänzt wird das Einspritzmuster der Partikelfilterregeneration sowohl durch eine angelagerte Nacheinspritzung (PoI1) bei 35 °KW, als auch eine späte Nacheinspritzung (PoI2), welche bei 150 °KW abgesetzt wird.

Zur detaillierten Betrachtung sind in Abbildung 4.4 die aus der Druckverlaufsanalyse ermittelten Verläufe des DPF-Regenerationsbrennverfahrens (schwarz) und des Normalbrennverfahrens (grau) dargestellt. Werden die differentiellen Brennverläufe $dQ_B/d\varphi$ der beiden Brennverfahren miteinander verglichen, ist zu sehen, dass die Wärmefreisetzung beim DPF-Regenerationsbrennverfahren, bedingt durch die Einspritzstrategie, bei deutlich späteren Lagen erfolgt als beim Normalbrennverfahren. So liegt der maximale Umsatz der Haupteinspritzung im Normalbrennverfahren bei $\varphi = 6,5°KW$ und bei der Partikelfilterregeneration bei $\varphi = 20°KW$. Weiter sind deren Maximalwerte mit 36,4 J beim DPF-Regenerationsbrennverfahren und 67,3 J beim Normalbrennverfahren sichtlich unterschiedlich, da die DPF-Regeneration zusätzlich über eine momentenbildende angelagerte Nacheinspritzung verfügt. Diese erreicht ihre maximale Energiefreisetzung von 46,8 J bei $\varphi = 62°KW$. Das heißt, die Energiezufuhr beim DPF-Regenerationsbrennverfahren erfolgt durch eine aufgeteilte Haupt- und Nachverbrennung. Die Hauptverbrennung beschreibt da-

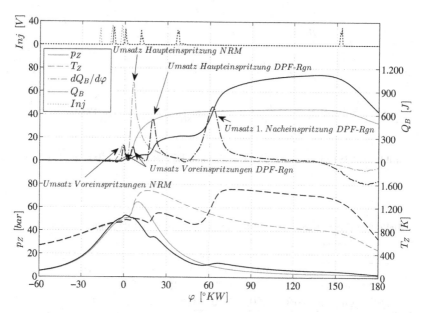

Abbildung 4.4: Druckverlaufsanalyse in NRM (grau)- und DPF-Rgn (schwarz) ($n = 1400\ min^{-1}$, $p_{mi} = 5,4\ bar$)

bei den Umsatz der Haupt- und Voreinspritzungen und die Nachverbrennung den Umsatz der angelagerten Nacheinspritzung. Dies spiegelt sich ebenfalls im Brennraumtemperaturverlauf T_Z wider. Bei Analyse der Temperaturverläufe ist zu erkennen, dass die anfänglich, durch eine kleinere Haupteinspritzmenge bedingt, geringere Brennraumtemperatur in der DPF-Regeneration durch den Umsatz der Nacheinspritzmenge eine große Steigerung erfährt und in einer erhöhten Brennraumauslasstemperatur resultiert. Die Temperatur vor Turbineneintritt T_3 beträgt bei der DPF-Regeneration 957 K gegenüber 593 K im Normalbetrieb. Weiter ist ebenfalls ersichtlich, dass die späte Nacheinspritzung nicht mehr im Brennraum umgesetzt wird, da nach deren Injektion im differentiellen Brennverlauf keine weitere Energiezufuhr erkennbar ist. Hier sei vermerkt, dass diese, wie gewünscht, erst durch Oxidation im DOC zur Abgastemperaturerhöhung direkt vor dem DPF beiträgt.

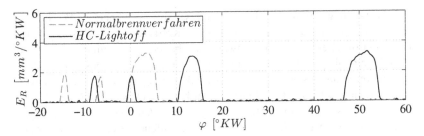

Abbildung 4.5: Einspritzstrategien in NRM und Loff ($n = 1400\ min^{-1}$, $p_{mi} = 5,4\ bar$)

Tabelle 4.3: Einspritzmassen in NRM und Loff ($n = 1400\ min^{-1}$, $p_{mi} = 5,4\ bar$)

	m_{PI1}	m_{PI2}	m_{MI}	m_{PoI1}	m_{PoI2}	m_B
NRM [mg/ASP]	1,49	1,29	14,45	0,00	0,00	17,23
Loff [mg/ASP]	1,50	1,00	9,04	14,20	0,00	25,74

4.1.3 HC-Light-off Brennverfahren

Wird das Fahrzeug beziehungsweise der Motor häufig bei kalten Temperaturen gestartet und über einen längeren Zeitraum hinweg im Niedriglastbereich unter der Light-off-Temperatur der Katalysatoren betrieben, können die Kohlenwasserstoffemissionen (*HC*) nicht ausreichend vom DOC umgesetzt werden und lagern sich teilweise auf diesem und dem DPF ab. Ist in diesem Zustand zusätzlich eine Partikelfilterregeneration nötig, würden sich nach einem direkten Wechsel in das DPF-Regenerationsbrennverfahren die auf dem DOC abgelagerten Kohlenwasserstoffe infolge der hohen Abgastemperaturen und der zusätzlichen späten Nacheinspritzung (PoI2) schlagartig entzünden. Resultat davon wären überkritische Temperaturen, welche den DOC und DPF nachhaltig beschädigen. Um dieser Problematik entgegenzuwirken wird der Motor, falls die HC-Beladungsmodelle in der Steuergerätesoftware diesen Umstand detektieren, im Vorlauf einer Partikelfilterregeneration mit einem speziellen HC-Light-off Brennverfahren (Loff) betrieben, um den DOC moderat aufzuheizen und die angelagerten Kohlenwasserstoffe kontrolliert zu oxidieren. Wie in Abbildung 4.5 und Tabelle 4.3 ersichtlich, zeichnet sich dieses Brennverfahren ebenfalls durch eine Spätverstellung der Vor- und Haupteinspritzung und eine zusätzlich eingebrachte Nacheinspritzung aus.

Bei Auswertung der aus der Druckverlaufsanalyse gewonnenen Verläufe in Abbildung 4.6 ist ersichtlich, dass sich der Kraftstoffumsatz $dQ_B/d\varphi$ beim HC-Light-off Brennverfahren (schwarz) wie bei der Partikelfilterregeneration (Abbildung 4.4) grundsätzlich vom Normalverbrennungsmodus (grau) durch spätere Verbrennungslagen mit einer Aufteilung auf eine Haupt- und Nachverbrennung unterscheidet. Gleichfalls erhöht hier der Umsatz der Nacheinspritzung, dessen Maximum von $50,9\,J$ bei $\varphi = 62,5°KW$ liegt, die im Vergleich zum Normalbrennverfahren bis dato tiefer verlaufende Brennraumtemperatur T_Z deutlich. So resultiert auch dieses Sonderbrennverfahren in einer höheren Brennraumauslasstemperatur. Unterschiedlich zum DPF-Regenerationsbrennverfahren ist jedoch die auf die Haupt- und angelagerte Nacheinspritzung aufgeteilte Kraftstoffmasse und, wie an den differentiellen $dQ_B/d\varphi$ und integralen Brennverläufen Q_B zu sehen, deren Umsatz. Verglichen ist beim HC-Light-off Brennverfahren das Kraftstoffmassenverhältnis zwischen Haupt- und angelagerter Nacheinspritzung mit $m_{MI,Loff}/m_{Po11,Loff} \approx 0,64$ doppelt so groß wie bei der DPF-Regeneration mit $m_{MI,DPF}/m_{Po11,DPF} \approx 0,32$. Die Temperatur vor Turbineneintritt T_3 liegt beim HC-Light-off Brennverfahren, wie zu erwarten, mit $881\,K$ zwischen den Temperaturen in NRM $593\,K$ und in DPF-Rgn $957\,K$.

Zusammenfassend lässt sich sagen, dass der Fokus bei den vorgestellten Sonderbrennverfahren darauf liegt, neben einem gewünschten aufzubringenden Moment, vor allem erhöhte Abgastemperaturen bereitzustellen. Im Wesentlichen wird dies über eine Einspritzstrategie mit späten Kurbelwinkellagen der Haupteinspritzung und einer an der Verbrennung teilnehmenden Nacheinspritzung erreicht. Weshalb eine angelagerte Nacheinspritzung zu einer deutlichen Temperaturerhöhung führt, wird in Abschnitt 4.2 anhand des thermodynamischen Zusammenhanges zwischen der Wärmezufuhr und ihrer Kurbelwinkellage erläutert.

4.2 Analyse des Wärmekraftprozesses mittels Kreisprozessrechnung

Zur grundlegenden thermodynamischen Analyse der Einspritzstrategie respektive des Brennstoffmassenumsatzes wird in einem ersten Schritt repräsentativ für die vorgestellten Sonderbrennverfahren der indizierte Druckverlauf des Betriebspunktes $n = 2000\,min^{-1}$, $p_{mi} = 10,2\,bar$ im DPF-Regenerationsbetrieb mit einem idealen, reversiblen Kreisprozess approximiert. Ausgehend davon werden Parametervariationen bei der Kreisprozessrechnung durchgeführt, um

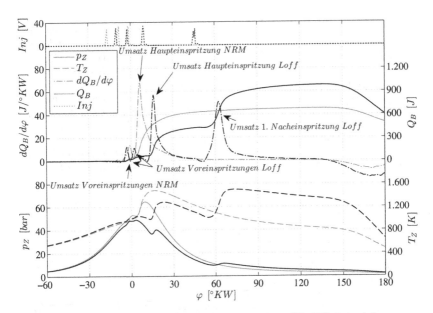

Abbildung 4.6: Druckverlaufsanalyse in NRM (grau)- und Loff (schwarz) ($n = 1400\ min^{-1}$, $p_{mi} = 5,4\ bar$)

den Einfluss unterschiedlicher Varianten an Wärmezufuhr auf den thermodynamischen Prozess im Brennraum herauszuarbeiten.

Da sich die beschriebenen Sonderbrennverfahren in einer Einspritzstrategie mit dreimaliger Wärmezufuhr[2] gleichen, erfolgt die Annäherung an die reale Verbrennung durch einen *dreifachen Seiligerprozess*. In Abbildung 4.7 sind in einem p,V-Diagramm die 11 Zustandsänderungen des *dreifach Seiligerprozesses* zu sehen. Dessen thermodynamische Berechnung kann Abschnitt H. im Anhang entnommen werden.

Im Folgenden soll die Kombination aus isochorer Q_v und isobarer Q_p Wärmeeinbringung als Wärmezufuhr einer Einspritzung Q_{Inj} bezeichnet werden. Beispielhaft gilt für die Wärmezufuhr der Haupteinspritzung:

$$Q_{MI} = Q_{v,MI} + Q_{p,MI} \qquad \text{Gl. 4.1}$$

---

[2]Der Umsatz der beiden Voreinspritzungen kann als eine Wärmeeinbringung zusammengefasst werden.

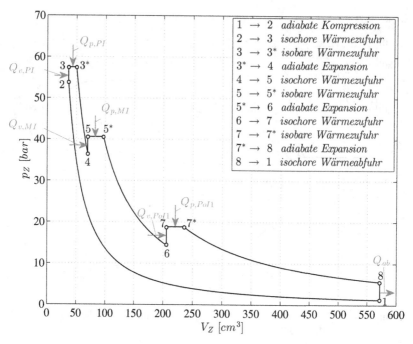

Abbildung 4.7: Dreifach Seiligerprozess

In Abbildung 4.8 sind sowohl der Druck- als auch der Temperaturverlauf[3] der Messung und der *dreifachen Seiligerapproximation* zu sehen. Die erste Wärmezufuhr der Kreisprozessrechnung entspricht dabei dem Umsatz der beiden Voreinspritzungen Q_{PI}, die zweite dem der Haupteinspritzung Q_{MI} und die dritte beschreibt die Energiezufuhr aus der Nacheinspritzung Q_{PoI1}. Als Startwerte für die Kreisprozessrechnung dienen die Zylindermasse m_Z, der Druck $p_{Z,UT}$ und die Temperatur $T_{Z,UT}$ im unteren Totpunkt (UT) der Messung. Der Isentropenexponent wird mit $\kappa = 1,37$ und die individuelle Gaskonstante mit $R = 292,5 \ J/kgK$ nach [7] angenommen. Tabelle 4.4 fasst die Approximationszielgrößen (indizierter Mitteldruck p_{mi}, maximaler Brennraumdruck p_{max} und Brennraumtemperatur T_{135} kurz vor Öffnen der Auslassventile bei $\varphi = 135°KW$) zusammen.

---

[3]Der Temperaturverlauf wurde mit Hilfe der Druckverlaufsanalyse nach Abschnitt 3.2 berechnet.

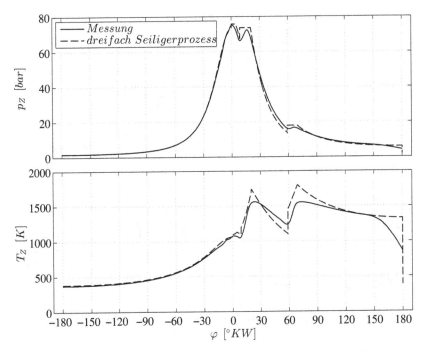

Abbildung 4.8: Druck- und Temperaturverläufe Messung und dreifach Seiligerapproximation ($N = 2000\ min^{-1}$, $p_{mi} = 10,2\ bar$)

Tabelle 4.4: Approximationszielgrößen des dreifach Seiligerprozesses

		Messung	Approximation
W_t	$[J]$	546	546
p_{max}	$[bar]$	75,1	75,7
T_{135}	$[K]$	1376	1378

Zur Analyse des Zusammenhangs zwischen thermischem Wirkungsgrad η_{th} und Prozesstemperatur T_Z infolge unterschiedlich zugeführter Wärmemengen bei frühen und späten Kurbelwinkellagen, wird ausgehend vom angenäherten Verlauf zunächst die eingebrachte Wärmeenergie Q_{Po11} systematisch verringert. Gleichzeitig wird die zugeführte Wärmeenergie Q_{MI} erhöht, um die verrichtete Arbeit W_t auf konstantem Niveau zu halten. Die erste Wärmezufuhr

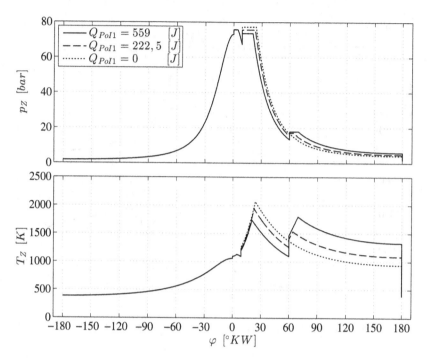

Abbildung 4.9: Dreifach Seiligerprozessrechnung: Druck- und Temperaturverläufe der Wärmemengenvariation

Q_{PI} wird bei den Variationen sowohl in ihrer Menge als auch Lage konstant gehalten. Sämtliche Parameter der Wärmemengenvariation können Tabelle A.13 im Anhang entnommen werden.

Abbildung 4.9 zeigt drei der modellierten Druck- und Temperaturverläufe mit unterschiedlich großer zugeführter Wärmeenergie Q_{PoI1}. Es ist deutlich zu erkennen, dass mit Vergrößerung der späten Wärmezufuhr sowohl der Brennraumdruck als folglich auch die Brennraumtemperatur gegen Ende des Expansionstaktes auf einem höheren Niveau verlaufen.

Zur detaillierten Analyse sind die berechneten Prozessergebnisse über dem Verhältnis aus Q_{PoI1}/Q_{MI} in Abbildung 4.10 dargestellt. Werden die Verläufe der in das System eingebrachten Wärmemengen Q_{MI} und Q_{PoI1} miteinander verglichen, zeigt sich, dass bei Verlagern der eingebrachten Wärmemenge auf die Nacheinspritzung (steigendes Verhältnis Q_{PoI1}/Q_{MI}), Q_{PoI1} sich stärker erhöht als Q_{MI} verringert werden muss, um die verrichtete Prozessarbeit W_t auf

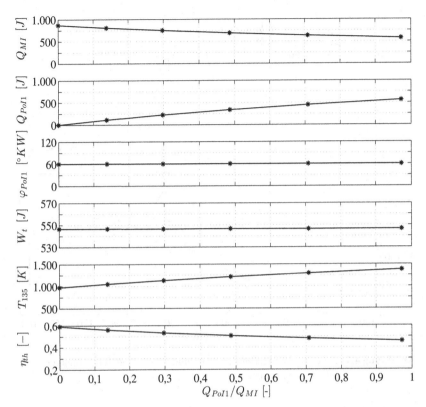

Abbildung 4.10: Dreifach Seiligerprozessrechnung: Prozessergebnisse der Wärmemengenvariation

konstantem Niveau zu halten. Dies spiegelt sich in einer deutlichen Abnahme des thermischen Wirkungsgrades η_{th} bei gleichzeitiger Zunahme der Prozesstemperatur T_{135} wider. Das heißt, bei Verlagern der eingebrachten Wärmemenge auf die Nacheinspritzung muss für eine gleiche zu verrichtende Arbeit mehr Energie in das System eingebracht werden. Dies senkt, wie zu erwarten, den Prozesswirkungsgrad und führt zu einer Temperaturerhöhung.

Um den Einfluss des Zeitpunktes der Wärmezufuhr auf den thermischen Wirkungsgrad und die Prozesstemperatur stärker herauszuarbeiten, wird ausgehend vom approximierten Verlauf lediglich die Kurbelwinkellage φ_{PoI1} der dritten Wärmeeinbringung variiert. Die zugeführte Wärmemenge der Einspritzungen wird dabei konstant gehalten. In Tabelle A.14 im Anhang sind die Pa-

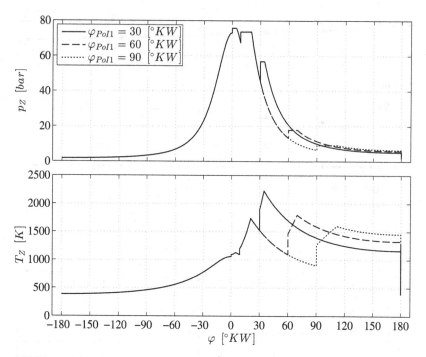

Abbildung 4.11: Dreifach Seiligerprozessrechnung: Druck- und Temperaturverläufe
der Lagevariation

rameter der Kurbelwinkelvariation zusammengefasst. Bei Gegenüberstellung
der Druck- und Temperaturverläufe, ist in Abbildung 4.11 ersichtlich, dass
sich der Prozessenddruck und folglich die Temperatur mit einer Spätverlage-
rung der Wärmezufuhr erhöhen. Abbildung 4.12 zeigt die Prozessergebnisse
der Lagevariation, welche über dem Verhältnis aus maximalem Volumen V_{UT}
zu dem Volumen bei der PoI1-Wärmezufuhr V_{Var} aufgetragen sind. Die Verläufe verdeutlichen folgenden Zusammenhang:

Erfolgt bei gleichgroßer zugeführter Wärmemenge ($Q_{gesamt} = const.$) eine Verlagerung der Wärmeeinbringung in Richtung später Kurbelwinkellagen (das
Volumenverhältnis V_{UT}/V_{var} verringert sich), steigt die Prozessendtemperatur
exponentiell an. Dies resultiert in einer erhöhten Wärmeabfuhr und folglich
einer verringerten verrichteten Arbeit W_t sowie einem kleineren Wirkungsgrad
η_{th}. Eine eingebrachte Wärmemenge bei frühen Kurbelwinkellagen (in OT-
Nähe) ist demnach, wie bekannt, wirkungsgradoptimaler als bei späten Lagen.

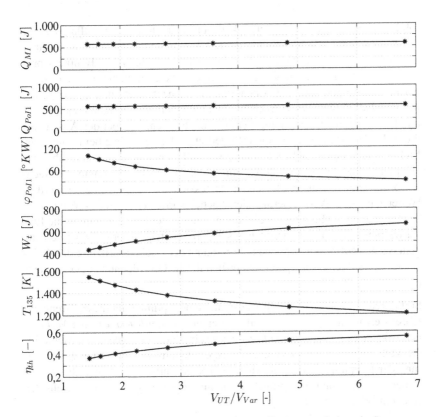

Abbildung 4.12: Dreifach Seiligerprozessrechnung: Prozessergebnisse der Lagevariation

Ist es Aufgabe des Verbrennungsprozesses neben einer gewünschten zu verrichtenden Arbeit zusätzlich hohe Abgastemperaturen bereitzustellen, muss eine Wärmeeinbringung bei späten Kurbelwinkellagen erfolgen. Auszuschließen ist hierbei der Volllastbereich eines Motors. Infolge der großen Haupteinspritzmengen besitzt dieser neben dem Fahrerwunschmoment von Grund auf hohe Abgastemperaturen, welche aus Bauteilschutzgründen teils auf eine maximale Abgastemperatur vor Turbineneintritt begrenzt werden müssen. In der Realität kann aus Gründen der Verbrennungsstabilität jedoch die Haupteinspritzung nicht beliebig spät eingebracht werden. Mit einer Entfernung von ZOT in Richtung später Lagen verschlechtern sich proportional die Entflammungsbedingungen, was schließlich in Verbrennungsaussetzern resultiert. Um folglich auch bei späten Kurbelwinkellagen, Kraftstoff sicher entflammen zu können, muss die Wärmezufuhr aufgeteilt werden. So stellt bei den beschriebenen Sonderbrennverfahren eine späte, noch stabil brennende Haupteinspritzung die benötigten Bedingungen für eine sichere Entflammung der Nacheinspritzung bereit. Der dabei benötigte Toleranzabstand zur Aussetzergrenze steht jedoch im Widerspruch mit dem Bestreben, die Haupteinspritzung möglichst spät im Verbrennungszyklus einzubringen. Ziel bei der Auslegung dieser Brennverfahren ist es, die erforderliche Abgasenthalpie bei minimalem Mehrverbrauch zu erreichen. Infolge eines größeren Temperaturhubes über die Haupteinspritzung, bedingt durch eine noch spätere Lage, könnte die Nacheinspritzmenge bei gleichbleibender Abgaszieltemperatur verringert werden. Weiter hätte eine Verkleinerung der Nacheinspritzmenge eine Verringerung der Ölverdünnung bei den Sonderbrennverfahren zur Folge. Während die Einspritzstrahlen der Haupteinspritzung selbst bei späten Einspritzlagen noch auf dem Kolben auftreffen, erreichen die Strahlen der Nacheinspritzung die Zylinderwand, was sich als hauptverantwortlich für die Ölverdünnung kennzeichnet [73].

Soll durch eine grenzwertigere Auslegung eine Optimierung dieses Brennverfahrens erfolgen, kann es die Aufgabe einer *zylinderdruckbasierten Verbrennungsregelung für Sonderbrennverfahren* sein, durch eine geeignete Methodik die Verbrennung zu stabilisieren. Ziel ist es, dass trotz einer weiteren Verlagerung der Haupteinspritzung in Richtung später Kurbelwinkellagen diese stets sicher verbrennt und für optimale Entflammungsbedingungen bei Zufuhr der Nacheinspritzung sorgt.

Wie dem Kapitel 7 vorweggenommen, wäre es weiter wünschenswert, statt der durch „träge" Temperatursensoren rückgekoppelten Abgastemperaturregelung, die Abgastemperatur mit einem geeigneten Ansatz zu modellieren. Zusätzlich dazu, könnten die unterschiedlich zugeführten Wärmemengen der Haupt- und Nacheinspritzung quantifiziert werden. Durch eine verbesserte Aufteilung der eingespritzten Mengen, könnten so die Zieltemperaturen und das gewünschte aufzubringende Moment auch bei Einfluss von Störgrößen exakter eingehalten werden.

5 Versuchsaufbau

5.1 Versuchsträger

Als Versuchsträger für sämtliche Untersuchungen dieser Arbeit dient ein 4-Zylinder Pkw-Dieselmotor der Daimler AG. Wie in Abbildung 5.1 schematisch dargestellt, ist dieser Motor mit der internen Bezeichnung OM651eco mit einem Common-Rail Einspritzsystem mit Magnetventil-Injektoren, einer Einlasskanalabschaltung *EKAS*, einem Abgasturbolader mit variablen Leitschaufeln im Turbineneinlass und einer Hoch- und Niederdruckabgasrückführung ausgestattet. Die Erläuterungen zu dem Komponentenblockbild sind Tabelle 5.1 zu entnehmen. In Kombination mit einem Diesel-Oxidations-Katalysator *DOC* und einem Diesel-Partikel-Filter *DPF* erfüllt dieser die Abgasnorm Euro 6 und wird künftig in der MFA-Plattform verbaut werden. Die technischen Eckdaten des OM651eco können der Tabelle A.15 im Anhang entnommen werden. Für die Entwicklung der Zylinderdruck basierten Regelkonzepte wird der Versuchsträger zusätzlich mit einem flexiblen Motorsteuerungssystem ausgestattet [66]. Die einzelnen Komponenten des Gesamtsystems werden anschließend vorgestellt.

5.2 Flexibles Motorsteuergerät FI^{2RE}

Wie in Unterabschnitt 3.1.1 erwähnt ist das Versuchsaggregat in allen vier Brennräumen mit piezoelektrischen Drucksensoren ausgestattet. Auf Basis de-

Tabelle 5.1: Aktorik und Sensorik OM651eco

1	Luftfilter & Luftmassenmesser	2	Abgasturbolader
3	Ladeluftkühler	4	Saugrohr mit EKAS
5	Diesel-Oxidations-Katalysator & Diesel-Partikel-Filter	6	Hochdruck-AGR-Kühler
7	Niederdruck-AGR-Kühler	8	Ansaugluft-Drosselklappe
9	Hochdruck-AGR-Ventil	10	Hochdruck-AGR-Bypass-Ventil
11	Abgasklappe	12	Niederdruck-AGR-Ventil
13	Ladeluftkühler-Bypass-Klappe	14	Magnetventil-Injektoren

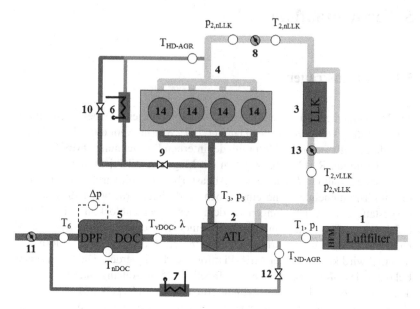

Abbildung 5.1: Komponenten des OM651eco

rer werden in dieser Arbeit sowohl die Verbrennung analysiert als auch die Konzepte zur Zylinderdruck basierten Regelung von Sonderbrennverfahren entwickelt. Zur echtzeitfähigen Erfassung und Verarbeitung der Brennraumdruckverläufe wird ein FI^{2}RE-System (flexible injection and ignition for rapid engineering) mit TRA-Karte (thermodynamic real-time analysis) der IAV GmbH eingesetzt. Das FI^{2}RE-System mit TRA-Karte ist ein flexibel programmierbares Motorsteuergerät [48], [61]. Es erfasst über das komplette Motordrehzahlband mit einer maximalen Auflösung von $0,1°$ KW (während der Verbrennung) die Drucksensorsignale kurbelwinkelsynchron in einem Bereich von 0 bis $720°$ KW. Des Weiteren werden über integrierte Filter die hochfrequenten Anteile der stark verrauschten Signale oberhalb von 30 kHz gedämpft. Zur Analyse des Druckverlaufes und der Ermittlung charakteristischer Verbrennungsmerkmale aus diesem werden die entwickelten Algorithmen als Matlab/Simulink-Modelle auf dem TRA-Modul implementiert und in Echtzeit während des Motorbetriebes gerechnet. Die technischen Daten der TRA-Karte sind Tabelle A.16 im Anhang zu entnehmen.

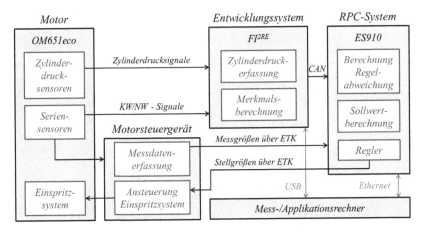

Abbildung 5.2: Versuchsaufbau

5.3 Prototyping- und Schnittstellenmodul ES910

Um in Echtzeit neben der Verbrennungsanalyse und der druckbasierten Merkmalsberechnung auf dem FI^{2RE}-System eine Kommunikation mit weiteren Größen aus dem Motorsteuergerät herzustellen, wird die Funktionsentwicklungsumgebung durch ein ES910 Prototyping- und Schnittstellenmodul der ETAS GmbH komplettiert. Die aus dem Zylinderdruck ermittelten Verbrennungsmerkmale schickt das FI^{2RE}-System via CAN-Schnittstelle an das überlagerte Rapid-Prototyping-Control-System ES910, welches als Bypassrechner fungiert und über ETK-Verbindung (ETK steht für Emulator Tastkopf) auf das Motorsteuergerät eingreift [20]. Das RPC-System ermittelt auf Basis eigens entwickelter und als Matlab/Simulink-Modelle implementierter Algorithmen, aus den im FI^{2RE}-System berechneten Verbrennungsmerkmalen und diversen Größen aus dem Motorsteuergerät zylinderindividuelle Merkmale für das aktuelle Arbeitsspiel und über implementierte Regler Stellgrößen für den nächsten Einspritzzyklus. Der Versuchsaufbau des kompletten Funktionsentwicklungssystems ist schematisch in Abbildung 5.2 dargestellt. Somit ist eine Entwicklungsumgebung gegeben, die es ermöglicht, in Echtzeit Zylinderdruckdaten zu erfassen, zu verarbeiten und daraus Verbrennungsmerkmale zu berechnen um aus diesen und weiteren Motorsteuergerätegrößen zylinderindividuelle Merkmale und Stellgrößen zu ermitteln, welche über Regeleingriffe die Verbrennung im nächsten Arbeitsspiel gezielt beeinflussen.

6 Regelung der Verbrennungslage und -form bei Sonderbrennverfahren

6.1 Definition des Regelkonzeptes

Wie in Abschnitt 4.1 ausgeführt, liegt neben der Bereitstellung des Fahrerwunschmomentes der Fokus bei den vorgestellten Sonderbrennverfahren vor allem darauf, im Niedrig- und Teillastbereich des Motors höhere Abgastemperaturen als im Normalverbrennungsmodus bereit zu stellen. Erreicht wird dies durch eine Verlagerung der Verbrennung in Richtung später Kurbelwinkellagen und ein zusätzliches Einbringen „angelagerter", an der Verbrennung teilnehmender Nacheinspritzungen. Damit auch unter Einfluss von Störgrößen stets ein zuverlässiger und robuster Verbrennungsprozess gewährleistet werden kann, müssen die Einspritzungen beim konventionellen gesteuerten Einspritzmanagement jedoch mit einem ausreichend großen Toleranzabstand zur Aussetzergrenze injiziert werden. Neben Bauteiltoleranzen, -alterung und -verschleiß können im Transienten Instationäreffekte, wie beispielsweise eine ungleiche AGR-Verteilung innerhalb der Brennräume, den Ablauf der Verbrennung negativ beeinflussen. Um den Einfluss dieser Störgrößen zu kompensieren und zusätzlich die Brennverfahrensauslegungen grenzwertiger gestalten zu können, wird ein Konzept erarbeitet, welches durch eine Regelung charakteristischer Merkmale zur Steigerung der Verbrennungsstabilität beiträgt. Dabei sollen durch korrigierende Eingriffe zylinderindividuell Abweichungen vom Sollverbrennungsprozess ausgeglichen, Verbrennungsaussetzer vermieden und die zyklischen Verbrennungsschwankungen verringert werden. So scheint es als sinnvoll, jene charakteristischen Merkmale aus Abschnitt 3.5 zu verwenden, welche die Lage und den Ablauf der Verbrennung beschreiben. Bei diversen in Kapitel 2 vorgestellten Arbeiten, welche die Verbrennungsregelung im Normalbrennverfahren behandeln, hat sich die Verbrennungsschwerpunktlage H_{50} als eine zielführende Regelgröße erwiesen. Daher soll diese als Ausgangslage für die zu entwickelnde *Zylinderdruck basierte Verbrennungsregelung für Sonderbrennverfahren* dienen.

Einschränkend bei deren Konzeption wirkt sich die Auswahl möglicher Stellgrößen des Einspritzpfades aus. So können ausschließlich jene Parameter verwendet werden, welche sich in die bestehende Steuergerätefunktionsstruktur integrieren lassen. Hierzu soll die Softwaregrundstruktur des kennfeldbasierten Einspritzmanagements kurz erläutert werden. Wie in Abbildung 6.1 sche-

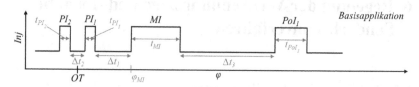

Abbildung 6.1: Ansteuerlogik im DPF-Regenerationsbrennverfahren

matisch dargestellt, sind die Steuergerätealgorithmen der Einspritzfunktionen derart strukturiert, dass der Einspritzbeginn der Haupteinspritzung durch den Kurbelwinkel φ_{MI} absolut vorgegeben wird. Relativ zu diesem werden die Einspritzbeginne der Voreinspritzungen und der angelagerten Nacheinspritzung durch die zeitlichen Abstände Δt_2, Δt_1 und Δt_3 definiert. Die Massen der einzelnen Einspritzungen werden absolut vorgegeben. Eine im Steuergerät implementierte Logik berechnet daraus die benötigten Ansteuerdauern t_{PI_2}, t_{PI_1}, t_{MI} und t_{Pol_1}. Wird der Motor weiter in einem der vorgestellten Sonderbrennverfahren betrieben, gleicht ein in der Steuergerätesoftware implementierter Abgastemperaturregler, auch als T_3-Regler bezeichnet, die Regelabweichung x_{T_3} zwischen Soll- und Isttemperatur des Abgases vor Turbine aus (vgl. Abbildung 6.2). Die Solltemperatur wird betriebspunktspezifisch vorgegeben und die Isttemperatur von einem Temperatursensor gemessen. Stellgröße in diesem Regelkreis ist die Masse/Ansteuerdauer der angelagerten Nacheinspritzung.

Soll eine noch zu definierende Verbrennungslage als erstes Regelmerkmal für die zylinderindividuelle Stabilisierung der Verbrennung dienen, liegt es nahe, den Ansteuerbeginn der Haupteinspritzung als Stellgröße zu verwenden. Durch Eingriff auf diesen können, infolge des relativen Bezuges zwischen den Ansteuerbeginnen, der gesamte Einspritz- und Verbrennungsverlauf gezielt beeinflusst werden. So ist davon auszugehen, dass trotz einer grenzwertigen Brennverfahrensauslegung die Verbrennung durch eine zylinderindividuelle Lageregelung stabilisiert und Verbrennungsaussetzer vermieden werden können. Vermerkt sei, dass eine eigenständige Lageregelung der frühen Nacheinspritzung hier als nicht zielführend erachtet wird. Grund hierfür ist, dass bereits der implementierte T_3-Regler auf die Masse der Nacheinspritzung korrigierend eingreift und deren Einspritzbeginn durch die Stellgröße Ansteuerbeginn der Haupteinspritzung mit geregelt wird. Dem Unterabschnitt 6.1.1 vorweggenommen, wird vielmehr angestrebt, durch Regelung der Hauptverbrennung den Brennraum vorzukonditionieren und für einheitliche Ausgangsbedingungen in den einzelnen Zylindern bei Brennbeginn der Nacheinspritzung zu sorgen.

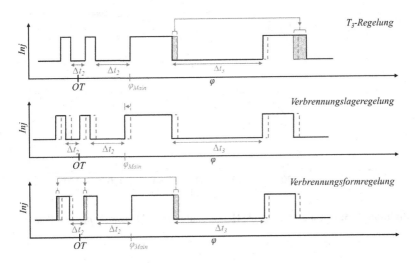

Abbildung 6.2: Regelkonzept

Weiter soll das Regelkonzept durch ein zweites charakteristisches Merkmal komplettiert werden, welches die Verbrennungsform beschreibt. Grundgedanke ist, dass dieses durch Verringern der zyklischen Schwankungen zu einer zusätzlichen Stabilisierung der Verbrennung beiträgt. In Anlehnung an [10] soll dabei gezielt der Anteil der Voreinspritzmengen am Umsatz der Hauptverbrennung eingeregelt werden. So ist es das Ziel bei allen Zylindern stets für gleiche Bedingungen bei Brennbeginn der Haupteinspritzung zu sorgen.

Es ist somit ein Konzept definiert, welches, wie schematisch in Abbildung 6.2 dargestellt, neben der Regelung der Nacheinspritzmenge (Zylinderdruck unabhängige, in der Software bereits implementierte T_3-Regelung), durch Regelung aller Einspritzzeitpunkte (Verbrennungslageregelung) und der Haupt- und Voreinspritzmassen (Verbrennungsformregelung) sämtliche Ansteuerparameter mit einbezieht.

Im Folgenden wird die zylinderindividuelle Verbrennungslageregelung hinsichtlich eines möglichen Einsatzes diskutiert, den verschiedenartigen Anforderungen entsprechend neu konzipiert und durch ein charakteristisches Merkmal, welches die Verbrennungsform beschreibt, ergänzt. Die Ergebnisse dieses Kapitels wurden vorab in [33] publiziert.

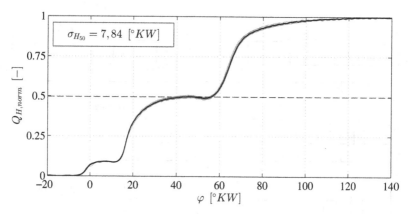

Abbildung 6.3: Normierte, integrale Heizverläufe ($n = 2400\ min^{-1}$, $p_{mi} = 6,0\ bar$)

6.1.1 Verbrennungslageregelung

In einem ersten Schritt soll die Fragestellung geklärt werden, ob eine Regelung des Verbrennungsschwerpunktes H_{50} auf Sonderbrennverfahren übertragbar ist. Die in Abschnitt 3.5 angesprochene Problematik eines sich ausbildenden Heizverlaufsplateaus zwischen dem Ende der Hauptverbrennung und dem Verbrennungsbeginn der Nachverbrennung impliziert bereits, dass ein direkter Übertrag nicht ohne Weiteres möglich ist, falls es Betriebspunkte gleicher Umsatzverteilung zwischen der Haupt- und der Nachverbrennung gibt. Um diesen Sachverhalt näher zu beleuchten, werden im Folgenden über den gesamten Betriebsbereich des Motors die normierten, integralen Heizverläufe bei der DPF-Regeneration repräsentativ für die vorgestellten Sonderbrennverfahren per Indizierauswertung analysiert.

Charakterisierung der Verbrennungslage mit globalen Umsatzpunkten

In Abbildung 6.3 sind von Zylinder 1 exemplarisch für den Teillastbereich beim Betriebspunkt $n = 2400\ min^{-1}$ und $p_{mi} = 6,0\ bar$ die normierten integralen Heizverläufe von 10 Arbeitsspielen in grau und deren mittlerer Verlauf in schwarz aufgetragen. Wie ersichtlich, existieren im Teillastbereich Betriebspunkte gleichgroßen Energieumsatzes von Haupt- und Nachverbrennung. So pendelt bei diesen das Heizverlaufsplateau infolge der zyklischen Verbrennungsschwankungen stochastisch um das Niveau von 50 % umgesetzter Energie. Wie auch die Standardabweichung $\sigma_{H50} = 7,84\ °KW$ bestätigt, ist es in diesem exemplarisch gewählten Betriebspunkt nicht möglich, den Verbrennungsschwerpunkt H_{50} selbst im stationären Betrieb robust zu detektieren und einer

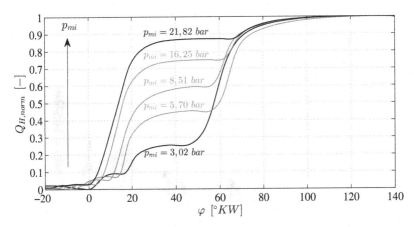

Abbildung 6.4: Normierte, integrale Heizverläufe ($n = 2000\ min^{-1}$, $p_{mi} = 3,0\ bar$ bis $p_{mi} = 21,8\ bar$)

eindeutigen Kurbelwinkellage φ zuzuordnen. Als charakteristische Regelgröße kann die Verbrennungsschwerpunktlage folglich ausgeschlossen werden.

Die naheliegende Überlegung einen differenten globalen Umsatzpunkt als Regelmerkmal für die Verbrennungslage zu verwenden, kann ebenfalls verworfen werden. Wie Abbildung 6.4 anhand der normierten integralen Heizverläufe des gesamten Lastbereiches bei der Drehzahl $n = 2600\ min^{-1}$ zeigt, „wandert" das Plateau mit einer Erhöhung der Last weiter in Richtung höherer prozentualer Umsätze. Infolge größerer eingebrachter Haupteinspritzmassen steigt die Brennraumtemperatur nach dem Ende der Hauptverbrennung bei steigender Last mit an. Um die Abgastemperaturen auf konstantem Solltemperaturniveau zu halten, muss daher die Nacheinspritzmasse verringert werden.

Zur Veranschaulichung dieses Sachverhaltes werden über den gesamten Kennfeldbereich verschiedene globale Umsatzpunktlagen hinsichtlich deren robusten Detektion statistisch untersucht. Die Beurteilung erfolgt mit Hilfe der Standardabweichung σ bei 100 Arbeitsspielen. In den Abbildungen 6.5 bis 6.8 sind die ermittelten Standardabweichungen der Verbrennungsschwerpunktlage H_{50}, der 60%-Umsatzpunktlage H_{60}, der 70%-Umsatzpunktlage H_{70} und der 80%-Umsatzpunkt-lage H_{80} dargestellt.

Wie in den Abbildungen 6.5 bis 6.8 ersichtlich, weisen sämtliche untersuchten globalen Umsatzpunkte H_x Bereiche auf, in welchen eine eindeutige Zuordnung zur Kurbelwinkelposition nicht möglich ist. Kennzeichnend für diese Bereiche sind Standardabweichungen von $\sigma \geq 1\ °KW$. So zeigt sich über

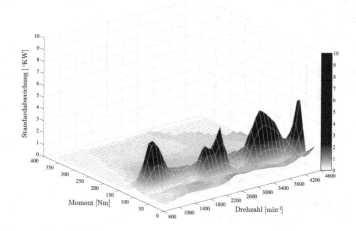

Abbildung 6.5: Standardabweichung $\sigma_{H_{50}}$ der Umsatzpunktlage H_{50} im DPF-Regenerationsbrennverfahren

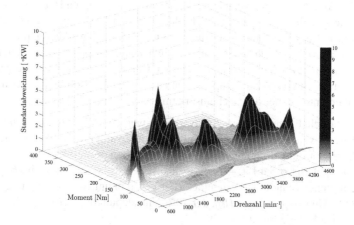

Abbildung 6.6: Standardabweichung $\sigma_{H_{60}}$ der Umsatzpunktlage H_{60} im DPF-Regenerationsbrennverfahren

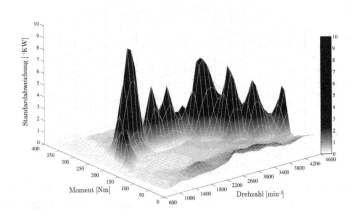

Abbildung 6.7: Standardabweichung $\sigma_{H_{70}}$ der Umsatzpunktlage H_{70} im DPF-Regenerationsbrennverfahren

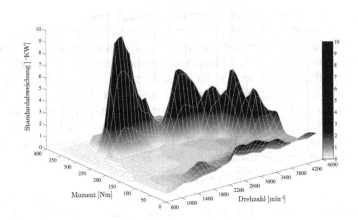

Abbildung 6.8: Standardabweichung $\sigma_{H_{80}}$ der Umsatzpunktlage H_{80} im DPF-Regenerationsbrennverfahren

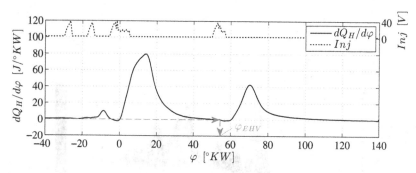

Abbildung 6.9: Aufteilung der Verbrennung Nulldurchgangskriterium

den gesamten Kennfeldbereich die gleiche in Abbildung 6.4 exemplarisch diskutierte Problematik. Bei geringen Mitteldrücken müssen kleine prozentuale Energieumsätze als robust detektierbare Verbrennungsmerkmale ausgeschlossen werden. Hingegen sind bei großen Mitteldrücken hohe prozentuale Energieumsätze nicht robust detektierbar.

Es bleibt festzuhalten, dass sich kein globaler Umsatzpunkt H_x als charakteristisches Verbrennungsmerkmal für die Regelung von Sonderbrennverfahren eignet.

Aufteilung der Verbrennung in zwei Auswertephasen
Wie in den vorigen Abschnitten diskutiert, bildet sich infolge der aufgeteilten Wärmezufuhr ein Heizverlaufsplateau zwischen dem Ausbrand der Hauptverbrennung und dem Beginn der Nachverbrennung aus, welches einen globalen Umsatzpunkt als Regelmerkmal für Sonderbrennverfahren ausschließt. Dieser Problematik geschuldet wird der integrale Heizverlauf getrennt für die Haupt- und Nachverbrennung ausgewertet. Für die gesonderte Betrachtung der beiden Verbrennungsphasen muss zunächst das Verbrennungsende der Hauptverbrennung ermittelt werden. Dieses soll einerseits für die Hauptverbrennung als obere Grenze und andererseits für die Nachverbrennung als untere Grenze des Integrationsintervalls dienen [58].

Aus thermodynamischer Sicht ließe sich das Hauptverbrennungsende in Anlehnung an [21] und [43] mit Hilfe des differentiellen Heizverlaufes $dQ_H/d\varphi$ detektieren. So entspricht, wie in Abbildung 6.9 zu sehen, der Nulldurchgang bei $\varphi = 54,5\,°KW$ der Kurbelwinkellage φ_{EHV}, bei welcher aktuell keine Energiefreisetzung im Brennraum erfassbar ist und das Ende der Hauptverbrennung charakterisiert. Der anschließend negative Verlauf im differentiellen Heizver-

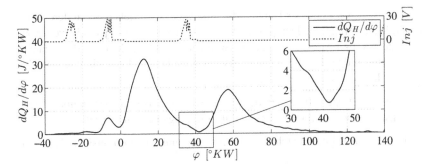

Abbildung 6.10: Betriebspunkt ohne Nulldurchgang zwischen Haupt- und Nachverbrennungsphase

lauf ergibt sich infolge des Enthalpieentzuges bei der Verdampfung der injizierten Nacheinspritzung. Es sei vermerkt, dass der differentielle Heizverlauf hier aus einem über alle vier Zylinder und über 100 Arbeitsspielen gemitteltem Druckverlauf berechnet ist. Wie in Unterabschnitt 3.5.2 beschrieben, ist die Anwendbarkeit dieses physikalischen Grundgedankens, folgend auch als Nulldurchgangskriterium bezeichnet, für eine zuverlässige Detektion des Verbrennungsendes jedoch nur bedingt geeignet. So liefert ein auf diesem Ansatz basierender Suchalgorithmus teilweise keine sinnvollen Ergebnisse. Vornehmlich bei hohen Drehzahlen und Lasten weist der differentielle Heizverlauf zwischen der Haupt- und Nachverbrennung keinen Nullpunkt auf.

Als Gründe seien hier, die vereinfachten Annahmen bei der Heizverlaufsberechnung, der Thermoschock des Brennraumdrucksensors und in die noch teilweise brennenden Haupteinspritzungen injizierten Nacheinspritzungen genannt. Abbildung 6.10 zeigt exemplarisch einen Betriebspunkt, bei welchem mit dem Nulldurchgangskriterium kein Verbrennungsende detektierbar ist.

In Abbildung A.1 im Anhang sind, neben den mit diesem Ansatz ermittelten Kurbelwinkellagen des Hauptverbrennungsendes, jene Betriebspunkte mit schwarzen Sternen gekennzeichnet, welche zwischen der Haupt- und Nachverbrennung keinen Nulldurchgang im differentiellen Heizverlauf aufweisen. Die Betriebspunkte mit grauen Rauten repräsentieren den Bereich der Volllastregeneration. In dieser wird keine angelagerte Nacheinspritzung injiziert, da der Umsatz der Haupteinspritzmassen bereits zu ausreichend hohen Abgastemperaturen vor der Turbine führt.

Nachdem dieser in [43] vorgeschlagene Ansatz für eine Verwendung verworfen werden muss, ist in der zu konzipierenden Verbrennungsregelungsfunktionsstruktur das Ende der Hauptverbrennungsphase mittels einer anderen Methodik zu definieren. Der physikalische Ansatz lässt sich jedoch weiter zu Vergleichs- und Analysezwecken verwenden. So soll mit dem Nulldurchgangskriterium in dem Bereich, in welchem es zuverlässige Ergebnisse liefert, die neue Methodik verifiziert werden.

Anstatt einen Algorithmus zu definieren, welcher das Ende der Hauptverbrennungsphase beschreibt, kann gleichfalls die Frage gestellt werden:

Ab welchem Zeitpunkt steht die Verbrennung unter dem Einfluss der Nacheinspritzung?

Diesem Ansatz folgend ist es denkbar, die beiden Verbrennungsphasen mit dem in der Steuergerätesoftware berechneten hydraulischen Ansteuerbeginn der Nacheinspritzung (φ_{Pol1}) zu unterteilen. Dieser beschreibt den letzten Zeitpunkt, bei welchem die Verbrennung und Heizverlaufsberechnung ausschließlich durch den Kraftstoffumsatz der Hauptverbrennungsphase kontrolliert wird.

Wie anhand der Verdampfungsphase der angelagerten Nacheinspritzung und des Einspritzratenverlaufes E_R in Abbildung 6.11 oben zu sehen, entspricht φ_{Pol1} dem gleichen wie mit Hilfe des Nulldurchgangskriterium detektierten Kurbelwinkel von $\varphi = 53,5\ °KW$. Der Einspritzratenverlauf E_R ist hierbei mit Hilfe eines EVI ermittelt. Es sei darauf hingewiesen, dass der Nulldurchgang und der hydraulische Ansteuerbeginn nicht zwangsläufig bei dem gleichen Kurbelwinkel zusammenfallen und dies hier Folge der Einspritzstrategie ist. Liegt jedoch bei einer differenten Applikationsstrategie das Hauptverbrenungsende vor dem hydraulischen Ansteuerbeginn der Nacheinspritzung, sprich verläuft infolge des abgeschlossenen Energieumsatzes der Hauptverbrennung vor φ_{Pol1} der differentielle Heizverlauf auf null beziehungsweise der integrale Heizverlauf auf konstantem Niveau, hat dennoch eine sich unterscheidende Lage keinen Einfluss auf die Normierung und kann vernachlässigt werden. Durch die Ausbildung des Plateaus ist für die aufgeteilte Heizverlaufsnormierung und die anschließende Detektion von Umsatzpunktlagen nicht das exakte Ende der Hauptverbrennungsphase relevant. So besteht der einzige Unterschied darin, zu welchen Teilen das Heizverlaufsplateau welcher Phase zugeordnet wird. Die Heizverlaufsform während der Verbrennung und die Lage der daraus detektierbaren Umsatzpunkte werden dadurch nicht beeinflusst. Läge andererseits ein theoretisches Verbrennungsende der Hauptverbrennung nach dem hydraulischen Ansteuerbeginn der Nacheinspritzung, beschreibt φ_{Pol1} zumindest den letzten Zeitpunkt der ausschließlich durch die Haupteinspritzung kontrollierten Verbrennungsphase. In diesem Fall könnte mit dem Nulldurchgangskriterium ansatzbedingt kein Zeitpunkt dem Ende zugeordnet werden.

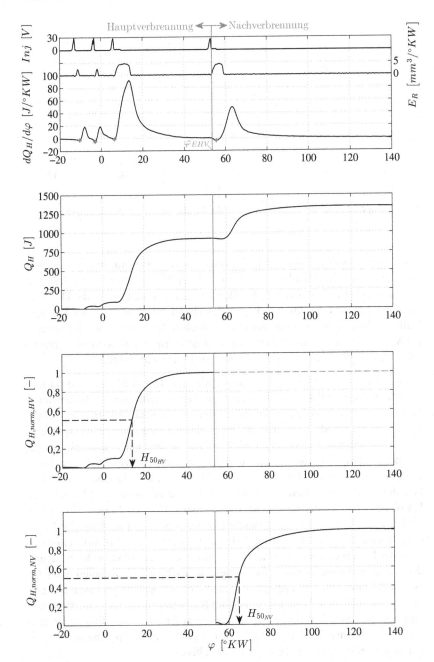

Abbildung 6.11: Aufteilung der Verbrennung in zwei Auswertephasen

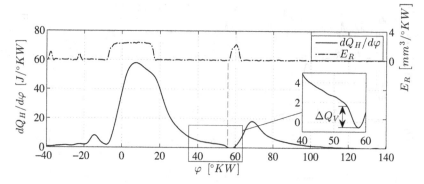

Abbildung 6.12: Nulldurchgang während der Verdampfung der Nacheinspritzung

Zur weiteren Analyse soll der hydraulische Ansteuerbeginn in dem Bereich, in welchem das Nulldurchgangskriterium zuverlässige Ergebnisse liefert, mit diesem verglichen werden. Die Abbildung A.2 im Anhang zeigt die Differenzen zwischen den detektierten Lagen des Hauptverbrennungsendes aus dem Nulldurchgangskriterium und dem hydraulischen Ansteuerbeginn. Im Bereich der Volllastregeneration ohne angelagerte Nacheinspritzung wird ein hydraulischer Ansteuerbeginn von $\varphi = 360\,^\circ KW$ als Ersatzwert ausgegeben.

Es ist ersichtlich, dass die Differenzen zwischen dem Nulldurchgangskriterium und dem hydraulischen Ansteuerbeginn fast ausnahmslos im Wertebereich kleiner $\pm 1\,^\circ KW$ liegen, was auf die optimierte Applikationsstrategie zurückzuführen ist. Der Abstand zwischen Haupteinspritzung und Nacheinspritzung ist dabei so eingestellt, dass diese nicht ineinander brennen, jedoch eine sichere Entflammung der Nacheinspritzung gewährleistet ist, wenn die vorgelagerte Haupteinspritzung robust verbrennt. Lediglich in den Randbereichen ergeben sich vereinzelt Differenzen über $1\,^\circ KW$. Wie Abbildung 6.12 zeigt, stellen diese einen Sonderfall dar. So erreicht der differentielle Heizverlauf das Nullniveau erst inmitten des Enthalpieentzuges bei Verdampfung der Nacheinspritzung ΔQ_V. Hier wird folglich nicht zwangsläufig das Verbrennungsende der Hauptverbrennung detektiert, sondern ein Zeitpunkt, welcher bereits der Nachverbrennungsphase zuzuordnen ist. Es bleibt festzuhalten, dass im Gegensatz zum Nulldurchgangskriterium beide Verbrennungsphasen mit Hilfe des hydraulischen Ansteuerbeginns der Nacheinspritzung zuverlässig unterteilt werden können. Weiter ist dieser Ansatz aufgrund seiner Simplizität dem sehr rechenintensiven Nulldurchgangskriterium bei einer Implementierung in der Steuergerätesoftware ebenfalls vorzuziehen.

Folgend werden die beiden Verbrennungsphasen mit Hilfe des hydraulischen Ansteuerbeginns der Nacheinspritzung unterteilt. Wie in Abbildung 6.11 zu sehen, kann durch Festlegung der Intervallsgrenze $\varphi_{EHV} = \varphi_{PoI1}$ der differentielle Heizverlauf in den neu definierten Auswertebereichen separat für die beiden Verbrennungsphasen integriert und mit Hilfe der lokalen Minima und Maxima normiert werden ($Q_{H,norm,HV}$ und $Q_{H,norm,NV}$). Zusätzlich sind die ermittelten Verbrennungsschwerpunktlagen der Haupt- $H_{50_{HV}}$ und der Nachverbrennung $H_{50_{NV}}$ dargestellt.

Charakterisierung der Verbrennungslage mit Umsatzpunkten der Hauptverbrennungsphase

Wie in Abschnitt 4.1 beschrieben, ist eine unter sämtlichen Umständen robust brennende Haupteinspritzung, welche neben der Bereitstellung des Wunschmomentes den Brennraum für die Nacheinspritzung „vorkonditioniert", Grundvorraussetzung für die Stabilität des gesamten Verbrennungszyklus und den sicheren Umsatz der Nacheinspritzung. Vor diesem Hintergrund wird es als zielführend erachtet, statt einer weiteren Regelung der Nacheinspritzung, bei den Sonderbrennverfahren die Verbrennungslage der Hauptverbrennung zu regeln. Diese soll folgend näher untersucht und durch geeignete Merkmale charakterisiert werden. Wie vorab beschrieben wird auf die angelagerte Nacheinspritzung, wenn gleich auch nicht auf Basis des Zylinderdruckes, bereits korrigierend durch eine Temperatursensor basierte T_3-*Regelung* eingegriffen. Analog zur Analyse der globalen Umsatzpunkte, werden über den gesamten Kennfeldbereich verschiedene Umsatzpunktlagen der Hauptverbrennung hinsichtlich deren robusten Detektion mit Hilfe der Standardabweichung σ bei 100 Arbeitsspielen bewertet. Die Abbildungen Abbildung 6.13 bis Abbildung 6.16 zeigen die Ergebnisse der statistischen Analyse.

Statistisch gesehen sind die untersuchten Umsatzpunktlagen der Hauptverbrennung als stabil detektierbare Regelmerkmale geeignet. Wie anhand der geringen Standardabweichungen von $\sigma \leq 1\,°KW$ in den Abbildungen zu sehen, weisen die untersuchten prozentualen Umsätze ein hohes Maß an Robustheit im warmen, stationär eingeschwungenen Motorbetrieb bei Normbedingungen auf. Lediglich der $H_{80_{HV}}$ Umsatzpunkt besitzt im Bereich der Volllast bei $n = 4400\,min^{-1}$ Standardabweichungen von $1 \leq \sigma \leq 1,5\,°KW$. Um auch im Transienten und unter Einfluss von Störgrößen einen robusten Umsatz der Haupteinspritzung bei Einspritzlagen näher an der Aussetzergrenze zu gewährleisten, soll folgend eine Verbrennungslage der Hauptverbrennung als Regelmerkmal verwendet werden. Wie bereits beschrieben, stellt eine stabil brennende Haupteinspritzung die notwendigen Bedingungen für eine sichere Entflammung der Nacheinspritzung bereit. Weiter ist es aufgrund des

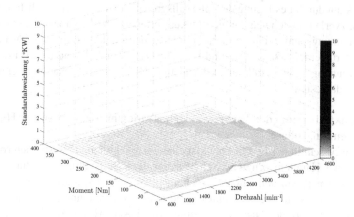

Abbildung 6.13: Standardabweichung $\sigma_{H_{50_{HV}}}$ der Umsatzpunktlage $H_{50_{HV}}$ im DPF-Regenerationsbrennverfahren

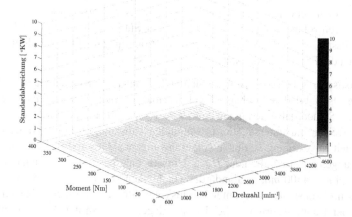

Abbildung 6.14: Standardabweichung $\sigma_{H_{60_{HV}}}$ der Umsatzpunktlage $H_{60_{HV}}$ im DPF-Regenerationsbrennverfahren

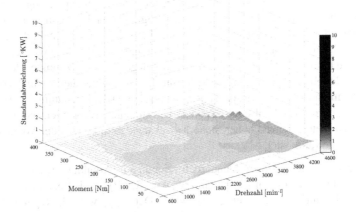

Abbildung 6.15: Standardabweichung $\sigma_{H_{70_{HV}}}$ der Umsatzpunktlage $H_{70_{HV}}$ im DPF-Regenerationsbrennverfahren

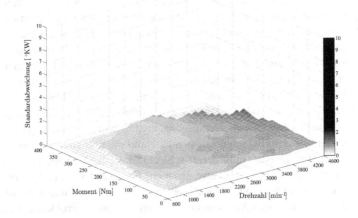

Abbildung 6.16: Standardabweichung $\sigma_{H_{80_{HV}}}$ der Umsatzpunktlage $H_{80_{HV}}$ im DPF-Regenerationsbrennverfahren

relativen Bezuges der Einspritzungen untereinander möglich, über die Stellgröße Ansteuerbeginn der Haupteinspritzung korrigierend auf die gesamte aus Haupt- und Nachverbrennungsphase bestehende Verbrennung einzugreifen. Es wird dabei als zielführend erachtet, einen möglichst „späten" Umsatzpunkt der Hauptverbrennungsphase als Regelmerkmal auszuwählen. So stellt dieser den am nächsten zur Unterteilung der Verbrennungsphasen gelegenen Zeitpunkt dar und beschreibt im Gegensatz zu früher gelegenen Umsatzpunkten den Ausbrand der Hauptverbrennung, welcher für die Vorkonditionierung und sichere Entflammung der Nacheinspritzung von entscheidender Bedeutung ist. Zusätzlich ist durch die Wahl eines „späten" Umsatzpunktes vor allem bei kleinen Lasten ein ausreichend hoher Sicherheitsabstand zum Plateau der Voreinspritzungen gewährleistet.

Aufgrund seiner geringen Standardabweichungen (Abbildung 6.15) von $\sigma \leq 1\,°KW$ und seiner dennoch späten Lage wird der $H_{70_{HV}}$ als Regelmerkmal für die Verbrennungslageregelung ausgewählt. Der $H_{80_{HV}}$ wird als Regelmerkmal ausgeschlossen, da er teilweise Standardabweichungen von $\sigma \geq 1\,°KW$ aufweist (Abbildung 6.16).

6.1.2 Verbrennungsformregelung

Wie in Abschnitt 4.1 beschrieben, werden Voreinspritzungen injiziert, um den Brennraum für die Haupteinspritzung vorzukonditionieren und das Verbrennungsgeräusch zu senken. Da diese stark den Verlauf der Verbrennung beeinflussen, ist deren zuverlässiger Umsatz von großer Bedeutung für die zyklischen Schwankungen und die Verbrennungsstabilität. Gerade bei den späten Einspritzlagen und den kleinen Einspritzmengen im Niedriglastbereich der Sonderbrennverfahren besteht bei hohen Abgasrückführraten im transienten Betrieb die Gefahr, dass es teilweise zu einem zu geringen Umsatz der Voreinspritzungen kommen kann. Diese werden infolgedessen mit der Haupteinspritzung umgesetzt, was zu Geräuschnachteilen und Verbrennungsschwankungen führt. Im denkbar ungünstigsten Fall sind die Entflammungsbedingungen für die Haupteinspritzung derart schlecht, dass diese ebenfalls in einem zu geringen Maß, beziehungsweise gar nicht umgesetzt wird und es zu Verbrennungsaussetzern kommt. Die angelagerte Nacheinspritzung wird in diesem Zusammenhang gleichfalls nicht verbrannt. Um dieser Problematik entgegenzuwirken, werden die Voreinspritzmengen üblicherweise mit einem ausreichend großen Abstand zu den kritischen Minimalmengen appliziert. Gerade im Hinblick auf die dadurch erhöhten Rußemissionen ist davon auszugehen, dass dieser Toleranzabstand mit der stetigen Verschärfung der Abgasgrenzwer-

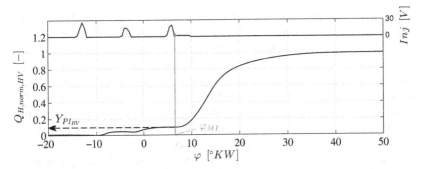

Abbildung 6.17: Anteil der Voreinspritzungen $Y_{PI_{HV}}$ am Umsatz der Hauptverbrennungsphase

te künftig weiter verringert werden muss, was in einem Zielkonflikt zwischen Verbrennungsstabilität und Rußemissionen resultiert.

Da ein gleichbleibender Umsatz der Voreinspritzungen die zyklischen Schwankungen verringert und die Stabilität der weiteren Verbrennung steigert, soll deren prozentualer Anteil Y_{PI} zylinderindividuell charakterisiert und geregelt werden. Die korrigierende Einspritzmenge des Reglers wird beim Betrieb mit zwei Voreinspritzungen zu gleichen Teilen auf diese addiert beziehungsweise von diesen subtrahiert. Damit ergeben sich bei allen Zylindern gleiche Ausgangsbedingungen für die anschließende Haupteinspritzung. Wie in Unterabschnitt 3.5.3 erläutert, kann der prozentuale Umsatz Y_x mit Hilfe des normierten, integralen Heizverlaufes beschrieben werden. Das Verbrennungsende, beziehungsweise die Lage des maximalen Umsatzes der ausschließlich durch die Voreinspritzungen kontrollierten Verbrennungsphase wird mit dem hydraulischen Ansteuerbeginn der Haupteinspritzung φ_{MI} definiert. Wird dem Regelkonzept folgend der normierte, integrale Heizverlauf der Hauptverbrennungsphase $Q_{H,norm,HV}$ herangezogen, lässt sich bei der Kurbelwinkellage φ_{MI} der prozentuale Anteil der Voreinspritzungen $Y_{PI_{HV}}$ am Umsatz der Hauptverbrennungsphase ermitteln, wie in Abbildung 6.17 zu sehen.

6.2 Ergebnisse der Regelkonzepterprobung

Um das entwickelte Regelkonzept zu erproben und mit dem Serieneinspritzmanagement vergleichen zu können, werden in der DPF-Regeneration Messungen sowohl im stationären als auch transienten Betrieb durchgeführt. Die Algorithmen der Verbrennungsmerkmalsberechnung werden dazu auf dem FI^{2RE}-System und jeweils ein PI-Regler für beide Verbrennungskenngrößen auf dem ES910-Bypassrechner implementiert. Die Logik des Regelkreises ist dabei so ausgeführt, dass auf eine Regelabweichung x_e im Arbeitsspiel n eines Zylinders i der entsprechende Regler im folgenden Arbeitsspiel $n + 1$ dieses Zylinders i korrigierend eingreift. Der PI-Regler besitzt einerseits durch seine proportionale Verstärkung K_p eine hohe Dynamik. Andererseits vermeidet der I-Anteil durch die zeitliche Integration mit der Verstärkung K_i eine bleibende Differenz. So kann eine Regelabweichung innerhalb eines Arbeitsspieles stark reduziert und innerhalb weniger Arbeitsspiele beseitigt werden.

Für die Untersuchungen werden folgende Motorbetriebsarten unterschieden:

- **Serienbetrieb:**
  Betrieb des Motors mit Serieneinspritzmanagement und zusätzlicher Erfassung der charakteristischen Verbrennungskenngrößen, um daraus Sollwerte ableiten und eine Referenz zum verbrennungsgeregelten Betrieb darstellen zu können.

- **Regelung der Verbrennungslage $H_{70_{HV}}$:**
  Betrieb des Motors mit $H_{70_{HV}}$-Regelung. Die Sollwerte entsprechen den erfassten, über alle Zylinder und 100 Arbeitsspiele gemittelten $H_{70_{HV}}$-Werten einer stationären Kennfeldvermessung.

- **Regelung der Verbrennungslage $H_{70_{HV}}$ und -form $Y_{PI_{HV}}$:**
  Betrieb des Motors mit $H_{70_{HV}}$- und $Y_{PI_{HV}}$-Regelung. Die Sollwerte entsprechen den erfassten, über alle Zylinder und 100 Arbeitsspiele gemittelten $H_{70_{HV}}$- beziehungsweise $Y_{PI_{HV}}$-Werten einer stationären Kennfeldvermessung.

Während zur Definition des Regelkonzeptes in Abschnitt 6.1 die Indizierauswertungen und Kenngrößenberechnungen auf Offline-Analysen basieren, werden für die Bereitstellung der Sollwerte die erarbeiteten charakteristischen Verbrennungsmerkmale über die in der Entwicklungsumgebung implementierten Algorithmen ermittelt. Dies geschieht anhand einer stationären Kennfeldvermessung im Serienbetrieb des Motors. Abbildung 6.18 zeigt exemplarisch in schwarz die $H_{70_{HV}}$- und $Y_{PI_{HV}}$-Istwerte und in grau die daraus abgeleiteten Sollwerte beim Betriebspunkt $n = 1000\ min^{-1}$, $M = 100\ Nm$.

Die Arbeitsweise der vorgestellten Zylinderdruck basierten Verbrennungsregelung soll zunächst im stationären Motorbetrieb überprüft und diskutiert werden. Ausgehend vom Serienbetrieb wird zuerst die $H_{70_{HV}}$-Regelung und anschließend die $Y_{PI_{HV}}$-Regelung aktiviert, um deren jeweiligen Einfluss auf die

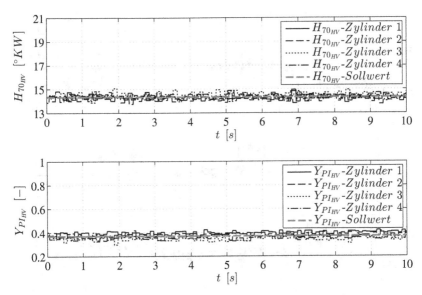

Abbildung 6.18: $H_{70_{HV}}$- und $Y_{PI_{HV}}$ Ist- und Sollwerte ($n = 1000\ min^{-1}$, $p_{mi} = 5,4\ bar$)

Verbrennung herauszuarbeiten. Danach werden diese in umgekehrter Reihenfolge wieder deaktiviert. Abbildung 6.19 zeigt im stark kundenrelevanten Leerlaufbetrieb des Motors die zylinderindividuellen charakteristischen Verbrennungsmerkmale $H_{70_{HV}}$ und $Y_{PI_{HV}}$, deren Sollwerte und bei aktiver Verbrennungsregelung die entsprechenden korrigierenden Regeleingriffe $\varphi_{MI_{cor}}$ und $m_{PI_{cor}}$.

Die ersten sechs Sekunden stellen den Serienbetrieb des Motors dar. Es ist zu sehen, dass zwischen den einzelnen Zylindern sowohl bei den Verbrennungslagen ($H_{70_{HV}}$) als auch bei den Umsätzen der Voreinspritzungen ($Y_{PI_{HV}}$) große Unterschiede bestehen. Während Zylinder 2 und 3 sowohl in ihren Verbrennungslagen als auch den Umsätzen der Voreinspritzungen zyklisch um die Sollwerte schwanken, weisen die Zylinder 1 und 4 um bis zu 8 °KW zu frühe Verbrennungslagen und bis zu 30 % zu hohe Umsätze der Voreinspritzungen auf. Grund hierfür könnten beispielsweise eine ungleiche AGR-Verteilung in den Zylindern oder gedriftete Injektoren sein. Es ist deutlich ersichtlich, dass mit der Aktivierung der $H_{70_{HV}}$-Regelung ab Sekunde 6 die Streuungen der Verbrennungslagen zylinderindividuell ausgeglichen werden und diese lediglich von Arbeitsspiel zu Arbeitsspiel um deren Sollwert von 18 °KW schwanken.

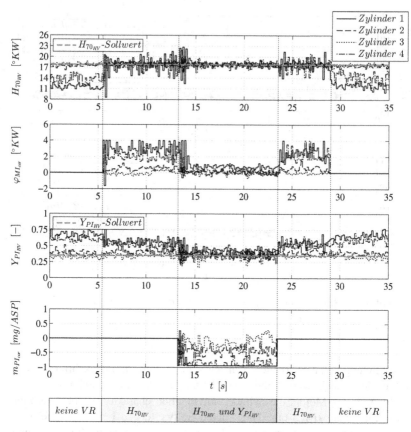

Abbildung 6.19: Funktionsweise der Verbrennungsregelung

Während bei den Zylindern 2 und 3 der Regler infolge der lediglich zyklischen Schwankungen den Ansteuerbeginn der Haupteinspritzung nur mit Minimaleingriffen von $\varphi_{MI_{cor}} \leq 1\,^{\circ}KW$ variiert, werden die deutlich zu frühen Verbrennungslagen bei den Zylindern 1 und 4 mit großen Regeleingriffen von bis zu $4\,^{\circ}KW$ korrigiert. Die großen zyklischen Schwankungen bleiben jedoch bestehen. Diese lassen sich signifikant mit der Aktivierung der Verbrennungsformregelung ab dem Zeitpunkt von 14 Sekunden verringern. So werden im Zeitfenster, in welchem beide Verbrennungsregler aktiv sind ($14 \leq t \leq 24\ s$), die im Serienbetrieb zuerst deutlich unterschiedlichen Verbrennungslagen und Umsätze der Voreinspritzungen bei allen Zylindern gleichgestellt und auf die Sollwerte eingeregelt. Es ist weiter deutlich zu sehen, dass in diesem Bereich die Verbrennung durch Regelung des Voreinspritzumsatzes weiter deutlich an Stabilität gewinnt, sodass die Regeleingriffe der $H_{70_{HV}}$-Regelung stark verringert werden. Hier zeigt sich die in Abschnitt 6.1 diskutierte Relevanz eines gleichmäßig definiert großen Voreinspritzumsatzes für die Stabilität der weiteren Verbrennung. Nach der schrittweisen Deaktivierung der beiden Verbrennungsregler tritt jeweils wieder das gleiche Betriebsverhalten wie zu Beginn der Messung auf. So vergrößern sich sowohl mit Abschalten der $Y_{PI_{HV}}$-Regelung ab Sekunde 24 wieder die zyklischen Schwankungen als auch laufen mit deaktivierter $H_{70_{HV}}$-Regelung ab Sekunde 28 die Verbrennungslagen der einzelnen Zylinder wieder deutlich auseinander. Abschließend bleibt festzuhalten, dass die arbeitsspielaufgelöste Verbrennungsregelung eine Gleichstellung der Zylinder erzwingt und durch Stabilisierung der Verbrennung zur Steigerung der Laufruhe beiträgt.

Anhand eines Paris-Zyklus, einem für die DPF-Regeneration besonders anspruchsvollem Niedriglast-Stadtzyklus, soll die Funktionsweise der konzipierten Regelung der Verbrennungslage $H_{70_{HV}}$ und des Umsatzanteils der Voreinspritzungen $Y_{PI_{HV}}$ im transienten Betrieb diskutiert werden. Dessen Geschwindigkeitsprofil und die sich ergebenden Momenten- und Drehzahlverläufe der Fahrzeugmessung kann Abbildung A.3 im Anhang entnommen werden. In Abbildung 6.20 sind aus einem Ausschnitt des Zyklus zunächst in schwarz die zylinderindividuellen charakteristischen Verbrennungsmerkmale $H_{70_{HV}}$ und $Y_{PI_{HV}}$ im konventionellen Motorbetrieb dargestellt. Zusätzlich sind mit gestrichelten Linien in grau die Sollwertverläufe für den verbrennungsgeregelten Betrieb eingezeichnet.

Es ist zu erkennen, dass die ermittelten Verbrennungslagen der einzelnen Zylinder zwar nur geringfügig voneinander abweichen, jedoch dem im konventionellen Motorbetrieb unwirksamen Sollwertverlauf der $H_{70_{HV}}$-Regelung nicht entsprechen. Weiter treten bei den Zeitpunkten $t \approx 297\,s$ und $t \approx 309\,s$ Verbrennungsschwankungenausetzer auf, welche noch einmal die Möglichkeit instabiler Verbrennungszustände bei diesen teils grenzwertig ausgelegten Sonderbrennverfahren unterstreichen. Die Umsatzanteile der Voreinspritzungen $Y_{PI_{HV}}$ weichen stärker voneinander ab, wobei anhand der Verläufe zu erkennen ist, dass es sich um zyklische Schwankungen und nicht um eine systematische Abweichung eines einzelnen Zylinders handelt. Ebenfalls unterscheiden sich, wie bei den Verbrennungslagen, deren ermittelten Istwerte deutlich vom Sollwertverlauf. Wie bereits erwähnt, basieren die Sollwertverläufe auf den Istwerten der beiden Regelgrößen bei einer Kennfeldvermessung, welche die optimierten Werte bei betriebswarmen Motor im stationär, eingeschwungen Zustand darstellen. Als Gründe für die Abweichungen sind Alterungseffekte und Bauteil-

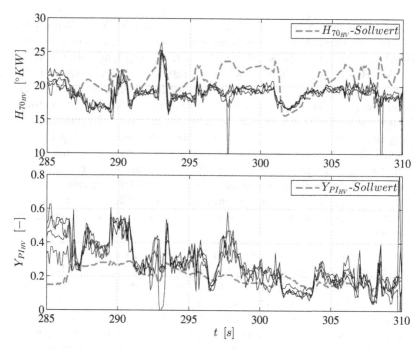

Abbildung 6.20: Ausschnitt Paris-Zyklus im Serienbetrieb

toleranzen sowie Instationäreffekte, wie beispielsweise eine ungleiche AGR-Verteilung oder ein im Vergleich zum hochdynamischen Einspritzsystem verzögerter Luftpfad, zu nennen, auf welche die konventionelle Motorsteuerung nur bedingt reagieren kann.

Abbildung 6.21 zeigt den gleichen Ausschnitt des Paris-Stadtzyklus im verbrennungsgeregelten Betrieb. Es sei darauf hingewiesen, dass es sich bei den beiden verglichenen Paris-Stadtzyklen um Fahrzeugmessungen handelt, weswegen sich deren Verläufe infolge eines nicht exakt reproduzierten Fahrprofiles minimal unterscheiden. Verglichen mit dem konventionellen Betrieb können sowohl die $H_{70_{HV}}$- als auch die $Y_{PI_{HV}}$-Regelung die Abweichungen ausgleichen. Durch die korrigierenden Regeleingriffe auf den Ansteuerbeginn der Haupteinspritzung und auf die Einspritzmenge der Voreinspritzungen, welche der Abbildung A.4 im Anhang zu entnehmen sind, folgen mit einer hohen Dynamik die Istverläufe zuverlässig den Sollwertverläufen. Lediglich in den ersten zwei Sekunden weichen die $Y_{PI_{HV}}$-Werte vom Sollwertverlauf ab. Grund für den nicht vollständigen Ausgleich der Regelabweichung ist hier nicht etwa

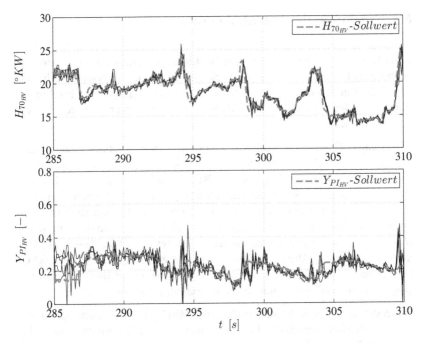

Abbildung 6.21: Ausschnitt Paris-Zyklus im verbrennungsgeregelten Betrieb

ein fehlerhafter Betrieb der $Y_{PI_{HV}}$-Regelung, sondern eine begrenzende Minimalmenge der Voreinspritzungen von jeweils $m_{PI} = 0,5$ mg. Diese darf aus Sicherheitsgründen nicht unterschritten werden, weswegen der Regeleingriff in dem vorherrschenden Niedrigstlastbereich auf seinem Grenzwert verläuft (vgl. Abbildung A.4).

Summa summarum zeigt das im transienten Betrieb ebenfalls stabile Regelverhalten und das schnelle Einregeln auf die Sollwertverläufe die korrekte Wahl und zuverlässige Ermittlung der charakteristischen Verbrennungsmerkmale über die definierten Algorithmen. Welches weitere Potential die neue Verbrennungsregelungsstruktur neben der hier diskutierten zylinderindividuellen Gleichstellung und Einregelung der Verbrennung auf die definierten Sollwerte für einen optimierten Betrieb der Sonderbrennverfahren bietet, soll in Abschnitt 6.3 diskutiert werden.

6.3 Ergebnisse der Potentialanalyse

Im Folgenden wird bei der Dieselpartikelfilterregeneration das Optimierungspotential diskutiert, welches die entwickelte Verbrennungsregelung für die vorgestellten Sonderbrennverfahren bietet. Dazu wird zunächst deren Einfluss im transienten Betrieb mittels Lastrampen weiter analysiert und mit dem Serienbetrieb verglichen.

Abbildung 6.22 zeigt die Ergebnisse einer Lastrampe aus einem einminütigen Schubbetrieb auf einen indizierten Mitteldruck von $\overline{p}_{mi} = 5\ bar$ bei der Drehzahl von $n = 2000\ min^{-1}$. Im oberen Bildabschnitt sind die über sämtliche Zylinder gemittelten indizierten Mitteldrücke $\overline{p}_{mi}$ im Serienbetrieb (grau) und im verbrennungsgeregelten Betrieb (schwarz) dargestellt. In der Bildmitte sind im gleichen Farbmuster die zylinderindividuellen Istverläufe der ermittelten $H_{70_{HV}}$-Lagen und zusätzlich in gestrichelt und fett der $H_{70_{HV}}$-Sollwertverlauf in grau aufgetragen. Die bei aktiver Verbrennungsregelung ab Arbeitsspiel 67 korrigierenden Regeleingriffe auf den Ansteuerbeginn der Haupteinspritzung $\varphi_{MI_{cor}}$ vervollständigen im unteren Bildabschnitt die Auswertung.

Die ersten ca. 60 Arbeitsspiele stellen eine Mischform aus geschlepptem und gefeuertem Motorbetrieb dar. In diesem überwiegt das Reibmoment noch das indizierte Moment. Aufgrund der sehr geringen Einspritzmengen befindet sich die Verbrennung in einem instabilen Zustand. Ersichtlich ist dies anhand der starken Schwankungen der $H_{70_{HV}}$-Verbrennungslagen. Während in den darauf folgenden 120 Arbeitsspielen die Verbrennung im Serienbetrieb weiter einer starken Instabilität unterliegt, können dagegen mit aktiver Verbrennungsregelung durch eine korrigierende Frühverstellung der Einspritzbeginne um bis zu $\varphi_{MI_{cor}} = -4\ °KW$ sowohl eine verschleppte Verbrennung als auch Verbrennungsaussetzer vermieden werden. Ebenfalls lässt sich dadurch der Vorteil eines schnelleren und stetigeren $\overline{p}_{mi}$-Anstieges im verbrennungsgeregelten Betrieb erklären. Grund für den verschleppten Verbrennungsablauf ist neben einem verzögerten Ladedruckaufbau infolge der trägen Reaktion des Luftpfades aus der Nulllast der durch den einminütigen Schubbetrieb stark ausgekühlte Brennraum. Dieser Umstand erschwert gerade bei den kleinen Einspritzmengen zu Beginn der Lastrampe die Entflammung. Zwar stellt dies einen Grenzfall dar, zeigt aber deutlich das Potential, welches das Regelkonzept bietet.

Für eine detailliertere Analyse der Verbrennungszustände bei dieser rampenförmigen Erhöhung der Last, sind exemplarisch von Zylinder 4 in Abbildung 6.23 die integralen Heizverläufe Q_H der beiden Betriebsstrategien im Arbeitsspielintervall $ASP := [104; 112]$ dargestellt.

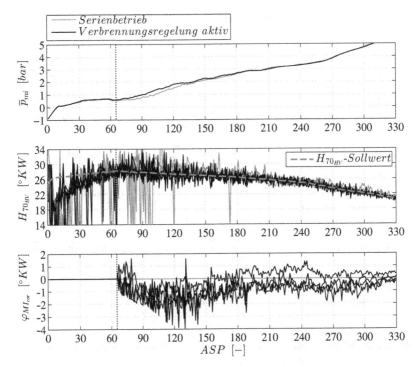

Abbildung 6.22: Betriebsvergleich bei einer Lastrampe ($n = 2000\ min^{-1}$; Schub $\rightarrow p_{mi} = 6,0\ bar$)

Hier wird deutlich, dass im verbrennungsgeregelten Betrieb die Solllagen der Verbrennung eingehalten werden und der Kraftstoff stabil verbrennt. Hingegen weist der Serienbetrieb bei den Arbeitsspielen 105, 108 und 111 eine instabile Verbrennung auf, was anhand des geringen Energieumsatzes erkennbar ist.

Neben einer vergrößerten Darstellung der $H_{70_{HV}}$-Lagen im Arbeitsspielintervall $ASP := [60; 130]$ dieser Lastrampe in A.5, können den Abbildungen A.6 und A.7 im Anhang zwei weitere Lastrampen entnommen werden, bei welchen sich der gleiche Sachverhalt zeigt. So ist jeweils zu erkennen, dass im Gegensatz zum Serienbetrieb die Verbrennungsregelung durch die Frühverstellung der Ansteuerbeginne einem Verschleppen der Verbrennung korrigierend entgegenwirkt. Dies resultiert in einer stabileren Verbrennung mit einem schnelleren und stetigeren Anstieg des indizierten Mitteldruckes $\overline{p}_{mi}$.

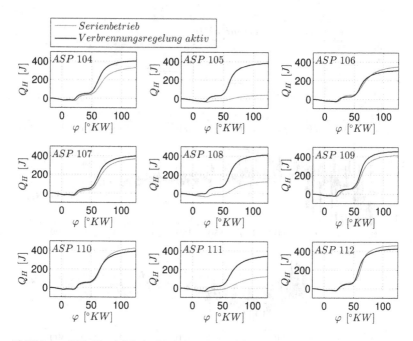

Abbildung 6.23: Vergleich der Verbrennungsstabilität im Serienbetrieb zum verbrennungsgeregelten Betrieb

Abschließend soll der Grundgedanke bei der Definition des Regelkonzeptes näher untersucht werden, ob die Sonderbrennverfahren weiter optimiert werden können, wenn die Verbrennung durch eine Zylinderdruck basierte Regelung stabilisiert und dadurch grenzwertiger ausgelegt werden kann. Das Optimierungspotential wird stellvertretend für die Sonderbrennverfahren bei der Partikelfilterregeneration analysiert. Hierfür werden die $H_{70_{HV}}$-Sollwerte der verbrennungsgeregelten DPF-Regeneration um $\varphi = 4\,°KW$ in Richtung späterer Kurbelwinkellagen verschoben. Im Serienbetrieb hätten derart späte Verbrennungslagen Verbrennungsaussetzer zur Folge. Als Vergleichszyklus zwischen dem konventionellen Motorbetrieb und dem grenzwertig ausgelegten Betrieb mit aktiver Verbrennungsregelung dient ein auf einem Fahrzeug-Rollenprüfstand nacheinander zweimal durchfahrener *Neuer Europäischer Fahrzyklus (NEFZ)*. Dieser wird aufgrund seiner geringen Lastanforderung gewählt, da im Hinblick auf instabile Verbrennungszustände gerade der Niedriglastbereich durch seine geringen Einspritzmengen als kritisch zu bewerten ist. Um reproduzierbare Ausgangsbedingungen zu gewährleisten, wird das Versuchs-

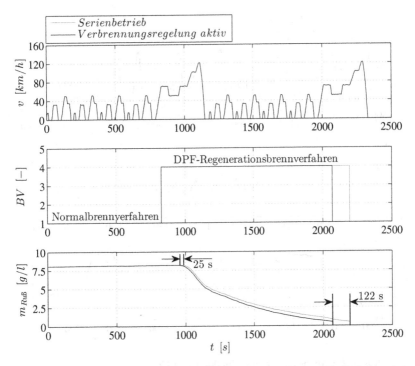

Abbildung 6.24: Geschwindigkeitsprofil, Verbrennungsmodus und Rußbeladung im doppel NEFZ

fahrzeug vor Messbeginn mit einem ECE Zyklus vorkonditioniert und im Anschluss daran das Partikelfilterbeladungsmodell im Motorsteuergerät mit einer Rußmasse von $m_{Ruß} = 8,1\ g/l$ initialisiert. Die dadurch angeforderte DPF-Regeneration wird zeitgleich in beiden Messungen bei $t = 827\ s$ ausgelöst. Interne Freigabebedingungen der Motorsteuerung zeichnen sich verantwortlich für diesen Zeitpunkt. Während der Regeneration simuliert ein in der Seriensoftware implementiertes Modell den Rußabbrand im Filter. Die Regeneration gilt ab einem Modellwert von $m_{Ruß} \leq 0,5\ g/l$ als abgeschlossen und der Motor wechselt wieder in den Normalverbrennungsmodus.

Abbildung 6.24 zeigt das Geschwindigkeitsprofil v, die vorherrschenden Brennverfahren BV und die modellierte Rußbeladung $m_{Ruß}$ im Filter. Der Serienbetrieb wird folgend mit grauen und der verbrennungsgeregelte Betrieb mit schwarzen Kurven dargestellt. Anhand der Verläufe der Brennverfahren und der Rußbeladung ist ersichtlich, dass sich der verbrennungsgeregelte Regene-

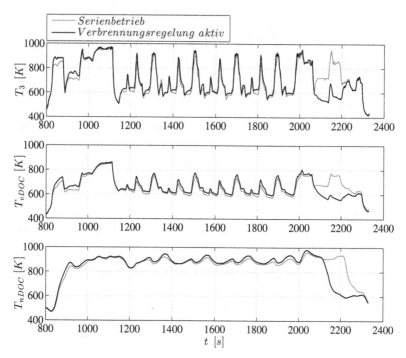

Abbildung 6.25: Abgastemperaturen im doppel NEFZ

rationsbetrieb durch eine deutlich kürzere Dauer auszeichnet. So ist die DPF-Regeneration bei gleichem Beginn um $\Delta t = 122\ s$ schneller beendet, was einer Verkürzung um 10% entspricht.

Die dominierende Größe bei der Regeneration eines Dieselpartikelfilters ist, neben einem für die Oxidation notwendigen Luftverhältnis von $\lambda \geq 1$, eine hohe Abgastemperatur. Abbildung 6.25 vergleicht im Zeitfenster der DPF-Regeneration die Gastemperaturen vor Turbine T_3, vor DOC T_{vDOC} und vor DPF T_{nDOC} beider Betriebsstrategien. Die Verläufe des gesamten Zyklus können im Anhang der Abbildung A.8 entnommen werden. Zusätzlich sind die T_3- und T_{nDOC}-Sollwertverläufe der Abgastemperaturregelung mit aufgetragen.

Aufgrund eines identischen Motormanagements im Normalbrennverfahren gleichen sich, wie erwartet, die untersuchten Abgastemperaturen beider Messungen bis zum Zeitpunkt $t = 827\ s$. Im anschließenden Regenerationsbetrieb weisen diese unterschiedliche Werte auf, obwohl die hier aktiven T_3- und T_{nDOC}-*Abgastemperaturregler* sowohl im Serienbetrieb als auch im verbrennungsge-

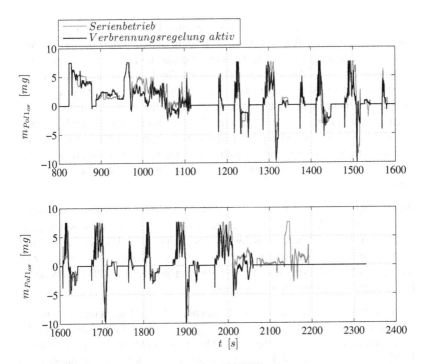

Abbildung 6.26: T_3-Regeleingriffe im doppel NEFZ

regelten Betrieb die gleichen Sollwerte (vgl. Abbildung A.8) einzuregeln versuchen. Vor allem zu Beginn der Regeneration bis zum Zeitpunkt $t = 1000\ s$ sind deutliche Differenzen von bis zu $\Delta T = 60\ K$ bei den sensierten Abgastemperaturen festzustellen. So wird der DPF unterschiedlich schnell auf die für eine Oxidation des Rußes benötigte Temperatur aufgeheizt. Dies erklärt, warum in der verbrennungsgeregelten DPF-Regeneration der Rußabbrand um $\Delta t = 25s$ früher einsetzt als im Serienbetrieb (vgl. Abbildung 6.24).

Um zu erörtern, warum trotz aktiver Abgastemperaturregelung mit gleichen Sollwertverläufen in der konventionellen DPF-Regeneration sämtliche Abgastemperaturen auf einem niedrigeren Niveau verlaufen als in der verbrennungsgeregelten Regeneration, sind die Eingriffe der Abgastemperaturregler näher zu untersuchen. In Abbildung 6.26 sind die, die Menge der angelagerten Nacheinspritzung korrigierenden T_3-Regeleingriffe $m_{Pol1_{cor}}$ dargestellt, welche auf einen Maximalwert von 7,5mg begrenzt sind.

Es ist zu sehen, dass im verbrennungsgeregelten Betrieb die $m_{Pol1_{cor}}$-Verläufe tendenziell geringere Werte besitzen als jene im Serienbetrieb. Mit aktiver Verbrennungsregelung werden die Brennraumauslasstemperaturen während der Regeneration durch die Spätverstellung und das Einregeln auf die Verbrennungssollwerte gesteigert, sodass der „träge" T_3-Regeler auf geringere Temperaturunterschwinger reagieren muss. Aus Bauteilschutzgründen sind die Abgastemperaturregler so ausgelegt, dass sie Temperaturunterschwinger langsamer und mit kleinerer Verstärkung korrigieren als Temperaturüberschwinger, weswegen sich die geringerern Unterschwinger im verbrennungsgeregelten Betrieb vorteilhaft auf das Erreichen der Solltemperaturen vor Turbine auswirken.

Weiter zeigt sich anhand der T_{vDOC}- und T_{nDOC}-Verläufe in Abbildung 6.25, dass die höheren Abgastemperaturen vor Turbine T_3 in der verbrennungsgeregelten DPF-Regeneration stromabwärts bestehen bleiben. Die Turbine fungiert als Enthalpiesenke, weswegen $T_3 > T_{vDOC}$ gilt. Die Temperaturdifferenz zwischen dem Serienbetrieb und der verbrennungsgeregelten DPF-Regeneration bleibt über die Turbine hinweg bestehen.

Werden in Abbildung 6.27 die korrigierenden T_{nDOC}-Regeleingriffe auf die Menge der späten Nacheinspritzung $m_{Pol2_{cor}}$ verglichen, zeigt sich der gleiche Sachverhalt wie bei der T_3-Regelung. Durch den höheren T_{vDOC}-Verlauf vor DOC, muss der T_{nDOC}-Regler auf geringere negative Regelabweichungen reagieren und einen kleineren Temperaturhub über die Oxidation der späten Nacheinspritzung im DOC darstellen. Dadurch wirkt sich dessen, durch die lange Gaslaufzeit bedingtes, träges Reaktionsverhalten weniger stark im transienten Betrieb aus. Dies resultiert in einem höheren T_{nDOC}-Verlauf.

Es bleibt festzuhalten, dass das Ziel, die Verbrennung durch eine Zylinderdruck basierte Verbrennungsregelung zu stabilisieren, erreicht werden kann. Somit ist es möglich, diese mit einem geringeren Toleranzabstand zur Aussetzergrenze zu applizieren, wie die Messungen bestätigen. Die grenzwertigere Auslegung resultiert in höheren Abgastemperaturen, welche zu einer deutlichen Verringerung der Partikelfilterregenerationsdauer führen. Im vermessenen zweifach durchfahrenen NEFZ kann eine Verkürzung von 10% erreicht werden. Besonders beeindruckend ist die Tatsache, dass diese Optimierung lediglich durch eine Verlagerung der Verbrennungslagen um $\Delta\varphi = 4\ °KW$ in Richtung später Kurbelwinkellagen erreicht werden kann. So ist es durchaus vorstellbar, die DPF-Regeneration durch eine auf dieses Regelkonzept angepasste Bedatung, welche das volle Potential der Verbrennungsregelung ausschöpft, weiter zu optimieren. Als größter Nutzen der kürzeren Regenerationszeiten ist ein geringerer Kundenverbrauch zu nennen. Weiter ist davon auszuge-

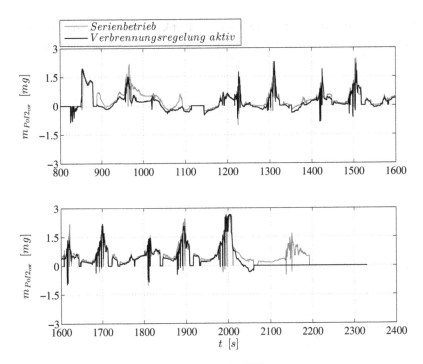

Abbildung 6.27: T_5-Regeleingriffe im doppel NEFZ

hen, dass sich die Ölverdünnung verringert, da verschiedene Untersuchungen den starken Anteil der späten Nacheinspritzung zeigen [11], [73]. Während diese mit geringeren Regenerationszeiten kürzer injiziert wird, sind zusätzlich, wie bereits erwähnt, deren Massen mit aktiver Verbrennungsregelung und Spätverstellung der Verbrennungslagen auf einem niedrigeren Niveau. Grund dafür sind die höheren Temperaturen vor DOC.

Summa summarum kann das Potential bestätigt werden, die Sonderbrennverfahren durch eine Zylinderdruck basierte Verbrennungsregelung zu optimieren. Durch das zylinderindividuelle Einregeln der Verbrennungslage und -form kann der Kraftstoffumsatz deutlich stabilisiert werden. Wie die Analyse der Lastrampen zeigt, kann im Niedriglastbereich bei einer dynamischen Lasterhöhung eine Verschleppung der Verbrennung verhindert werden. Dies bewirkt einen schnelleren und stetigeren Anstieg des indizierten Mitteldruckes. Weiter kann gezeigt werden, dass trotz einer grenzwertigen Auslegung sich die Verbrennung stabil verhält und durch höhere Abgastemperaturen auszeichnet.

Dies verkürzt signifikant die Dauer einer Partikelfilterregeneration, wie der Vergleich des konventionellen Motorbetriebes mit dem verbrennungsgeregelten Betrieb in der NEFZ Analyse unterstreicht.

7 Modellbasierte Verbrennungsregelung bei Sonderbrennverfahren

7.1 Definition des Regelkonzeptes

Die in Abschnitt 4.1 diskutierten Sonderbrennverfahren zeichnen sich vor allem durch deutlich höhere Abgastemperaturen als im Normalbrennverfahren aus. Nach heutigem Stand der Technik werden diese mittels Rückkopplung durch Temperatursensoren auf in Kennfeldern hinterlegte Sollwerte eingeregelt. Den extremen Bedingungen im Abgasanlagensystem eines Dieselmotors geschuldet, müssen die Sensoren robust genug ausgelegt werden, um Ausfälle zu vermeiden und einen zuverlässigen Betrieb über den Lebenszyklus eines Fahrzeuges zu gewährleisten. Dies wirkt sich jedoch negativ auf deren Ansprechverhalten und infolge dessen auf die Dynamik des Regelkreises aus.

Ein Vergleich der sensierten Abgastemperaturverläufe vor Turbineneintritt T_3 unterschiedlich dicker Thermoelemente und des serienmäßig im Versuchsaggregat verbauten Temperatursensors verdeutlichen in Abbildung 7.1 diesen Sachverhalt. Ausgehend vom Beharrungszustand wird zur Analyse des Ansprechverhaltens die Temperatur dynamisch durch einen rampenförmigen Drehzahl- und Lastsprung erhöht. Die Messung wird viermal wiederholt, wobei jeweils ein unterschiedlich dickes Thermoelement verwendet wird, um einen Einfluss lokaler Strömungseffekte infolge einer differenten Einbaulage auszuschließen. Die Thermoelementmessstelle ist in nächster Nähe zum Seriensensor angeordnet, weswegen hier von annähernd gleichen Randbedingungen ausgegangen werden kann.

Es ist deutlich zu sehen, wie sehr sich das jeweilige Ansprechverhalten der Sensoren unterscheidet. Je größer der Durchmesser und die thermische Masse eines Sensors ist, desto ausgeprägter ist dessen Tiefpassverhalten, wie die unterschiedlichen Gradienten und teilweise erkennbaren Verzögerungen bis zum Detektionsbeginn der Temperaturerhöhung verdeutlichen. Die dünnen Thermoelemente mit den Durchmessern $d \leq 1{,}5\ mm$ erfassen bei der Rampe ein Überschwingen der Temperatur. Hingegen besitzen der Seriensensor und das Thermoelement mit einem Durchmesser von $d = 3\ mm$ ein gleiches zeitliches Verhalten, welches zu träge ist, um diese und die folgenden Temperaturspitzen zu sensieren. Misst das dünnste Thermoelement eine Maximaltemperatur von ca. $1070\ K$, so sensiert zeitgleich der Seriensensor lediglich eine Temperatur

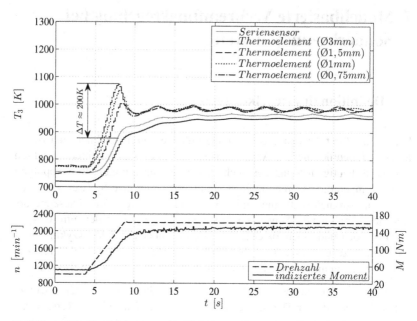

Abbildung 7.1: Vergleich unterschiedlich dicker Thermoelemente gegenüber dem Seriensensor

von ca. $870\ K$, was einer Differenz von $\Delta T \approx 200\ K$ entspricht. Weiter ist trotz identischer Einbaulage im Beharrungszustand zwischen den Thermoelementen sowohl vor als auch nach der Drehzahl/-Lastrampe eine Temperaturdifferenz festzustellen. Als Gründe sind sowohl eine differente Wärmeleitung als auch -strahlung der Sensoren bei unterschiedlichem Durchmesser zu nennen.

Dem Zeitverhalten des Serientemperatursensors geschuldet, können folglich im stark transienten Betrieb kritische Temperaturspitzen nicht sensiert werden, was bei der Brennverfahrensauslegung einen Toleranzabstand zu den Bauteilgrenzen zwingend erforderlich macht. Hervorzuheben sind hier vor allem die diskutierten Sonderbrennverfahren, welche sich durch hohe Abgastemperaturen über den gesamten Betriebsbereich des Motors auszeichnen. Aus Bauteilschutzgründen wäre es daher wünschenswert mit einer hohen Dynamik die Abgastemperaturen zu ermitteln um kritische Werte zu detektieren und korrigierend darauf reagieren zu können. So könnte durch ein schnelleres Reaktionsvermögen der Regelung beispielsweise das DPF-Regenerationsbrennverfahren näher an den Bauteilgrenzen ausgelegt werden, was infolge global höherer Temperaturen dessen Güte weiter steigert.

Ziel soll es sein, entsprechend der Ansprechzeit des $d = 0,75\ mm$ Thermoelementes, die Abgastemperatur vor Turbine und deren beeinflussenden Größen hochdynamisch durch einen modellbasierten Ansatz zu beschreiben und als Eingangsgrößen für eine neuartige Abgastemperaturregelung zu verwenden. Eine wesentlich schnellere Grundlage als der Serientemperatursensor bietet für ein künftiges Regelkonzept der Zylinderdruck. Dieser wird kurbelwinkelaufgelöst indiziert und stellt durch dessen Auswertung in Echtzeit einen direkten Bezug zum Kraftstoffumsatz im Brennraum her. Bedingung für die modellbasierte Regelung muss es sein, dass der Ansatz sowohl im stationären als auch im transienten Betrieb ausreichend genau die Abgastemperaturen modelliert.

Im Folgenden wird ein modellbasiertes Regelkonzept diskutiert, welches auf Basis des Zylinderdruckes p_Z die Abgastemperatur vor Turbine $\hat{T}_3$ und den Einfluss der angelagerten Nacheinspritzung *PoI*1 auf die Abgastemperatur und den indizierten Mitteldruck beschreibt. Mit Hilfe eines *PI-Reglers* soll anschließend die Abgastemperatur vor Turbine momentenneutral eingeregelt werden. Abbildung 7.2 illustriert schematisch den modellbasierten Ansatz. Als Eingangsgrößen sind neben dem Zylinderdruck p_Z, vor allem der Abgastemperatursollwert $T_{3,Soll}$ und die vorgesteuerten Basismengen der Haupt- $m_{MI,FF}$ und der Nacheinspritzung $m_{PoI1,FF}$ aus der konventionellen Motorsteuerung zu nennen. Auf die weiteren Eingangsgrößen und die einzelnen Untermodelle wird an entsprechender Stelle eingegangen. Als Stellgrößen des Regelkreises sollen die Massen der Haupteinspritzung m_{MI} und der angelagerten Nacheinspritzung m_{PoI1} dienen.

7.2 Modellierung der Abgastemperatur vor Turbine

In [22] wird mit einem Ansatz, welcher von der aus der Ladungswechselrechnung bekannten Füll- und Entleermethode abgeleitet ist, die Abgastemperatur vor Turbine modelliert. Da in [22] jedoch dessen Verwendung für eine Abgastemperaturregelung aufgrund zu großer Abweichungen nicht uneingeschränkt empfohlen werden kann, wird im Rahmen dieser Arbeit ein neuartiger Ansatz entwickelt und diskutiert. Die Modellierung der Abgastemperatur vor Turbine $\hat{T}_3$ erfolgt mit Hilfe eines halbempirischen Ansatzes.

Ausgehend von der modellierten Gastemperatur im Brennraum wird die Temperaturänderung bis zum Turbineneintritt mit Hilfe eines rationalen Polynoms mit begrenzten Wechselwirkungen und einem Wandmodell, welches den Einfluss der thermischen Massen im transienten Betrieb beschreibt, approximiert.

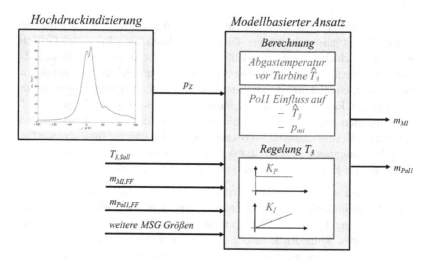

Abbildung 7.2: Schema der modellbasierten Abgastemperaturregelung vor Turbine

Wie in Abbildung 7.1 gezeigt, weisen Thermoelemente in strömenden Fluiden ebenfalls eine nicht zu vernachlässigende thermische Trägheit auf. Um dies abzubilden, wird der Ansatz um ein Modell ergänzt, welches das Zeitverhalten von Thermoelementen beschreibt. Abbildung 7.3 zeigt anhand eines fiktiven Temperaturverlaufes schematisch den Ansatz zur Modellierung der Abgastemperatur vor Turbine. Dessen Teilmodelle werden folgend näher erläutert.

7.2.1 Modellierung der Gastemperatur im Brennraum

Der physikalische Zusammenhang zwischen Druck p und Temperatur T lässt sich in einem geschlossenen thermodynamischen System mit Hilfe der thermischen Zustandsgleichung beschreiben:

$$T_Z = \frac{p_Z \cdot V_Z}{m_Z \cdot R} \qquad \text{Gl. 7.1}$$

Für die Berechnung der Massenmitteltemperatur im Brennraum T_Z müssen neben dem Brennraumdruck p_Z, die Gesamtmasse im Zylinder m_Z, das aktuelle Brennraumvolumen V_Z und die individuelle Gaskonstante R bekannt sein.

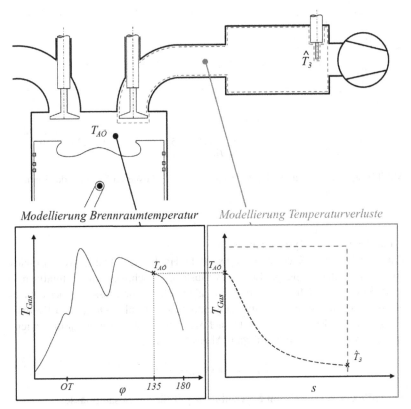

Abbildung 7.3: Schema der Modellierung der Abgastemperatur vor Turbine

Individuelle Gaskonstante R

Wie in Unterabschnitt 3.3.3 diskutiert, ist die individuelle Gaskonstante $R = f(\lambda, p, T)$ abhängig von der Zusammensetzung des Arbeitsgases, des vorherrschenden Druckes und der Gastemperatur. Im betrachteten Kurbelwinkelintervall gegen Ende des Expansionstaktes kurz vor „Auslass öffnet" kann der Einfluss des Druckes $p < 10$ *bar* und der Temperatur $T < 1500\ K$ vernachlässigt werden, wie die Untersuchungen in [26] zeigen. Abbildung 7.4 zeigt die mittels Druckverlaufsanalysen berechnete individuelle Gaskonstante $R_{A\ddot{O}}$ kurz vor „Auslass öffnet" bei einem Kurbelwinkel von $\varphi = 135°KW$ im gesamten Betriebsbereich des Motors. Da diese sich nicht nennenswert ändert, wird sie folgend mit dem arithmetischen Mittelwert $R_{A\ddot{O}} = 286,73\ J/kgK$ der analysierten Punkte, welcher als gestrichelte Linie mit eingezeichnet ist, interpretiert.

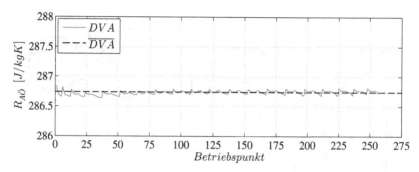

Abbildung 7.4: Individuelle Gaskonstante kurz vor „Auslass öffnet" für das Kennfeld

Modellierung der Zylindermasse m$_Z$

Zur Berechnung der Zylindermasse wird der Hochdrucktakt des Arbeitsspieles unter Vernachlässigung der Leckageverluste als geschlossenes thermodynamisches System betrachtet. Die im Brennraum befindliche Masse m_Z besteht aus der Kraftstoffmasse m_B und der „angesaugten" Frischluft- $m_{L,F}$ und Restgasmasse m_R. Die Restgasmasse setzt sich wiederum aus intern $m_{R,int}$ und extern $m_{R,ext} = m_{L,F} \cdot x_{AGR}$ rückgeführtem Abgas zusammen:

$$m_R = m_{L,F} \cdot x_{AGR} + m_{R,int} \qquad \text{Gl. 7.2}$$

Mit Hilfe der vereinfachten Massenbilanz gilt für die Gesamtmasse:

$$m_Z = m_{L,F} \cdot (1 + x_{AGR}) + m_{R,int} + m_B \qquad \text{Gl. 7.3}$$

Analog zur Druckverlaufsanalyse wird dabei angenommen, dass die eingespritzte Kraftstoffmasse bereits als „verbrannt" im Brennraum erscheint.

Für die Berechnung der internen Restgasmasse $m_{R,int}$ muss für gewöhnlich eine Ladungswechselanalyse durchgeführt werden. Da diese aufgrund ihres großen Rechenaufwandes in Echtzeit auf einem Motorsteuergerät nicht lösbar ist, wird die im Brennraum, infolge unvollständiger Spülung während des Ladungswechsels, verbleibende interne Restgasmasse mit einem vereinfachten Ansatz ermittelt. Zur Modellierung der internen Restgasmasse $m_{R,int}$ wird der Ansatz

$$m_{R,int} = \frac{p_Z\,(\varphi_{GOT}) \cdot V_c}{R \cdot T_3} \qquad \text{Gl. 7.4}$$

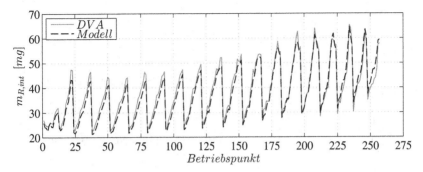

Abbildung 7.5: Interne Restgasmasse $m_{R,int}$ für das Kennfeld

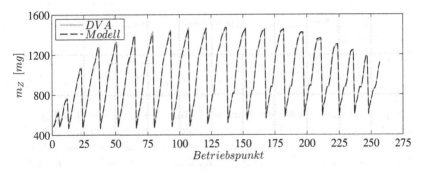

Abbildung 7.6: Zylindermasse m_Z für das Kennfeld

nach [3] verwendet. Abbildung 7.5 vergleicht die mit Hilfe der Druckverlaufsanalyse berechnete interne Restgasmasse mit den Modellergebnissen nach Gleichung 7.4. Es zeigt sich, dass mit diesem vereinfachten Ansatz die interne Restgasmasse in guter Näherung approximiert werden kann. Die kleinen Abweichungen von lediglich $\Delta m_{R,int} \leq 5~mg$ können aufgrund des geringen Anteils der internen Restgasmasse an der Zylindergesamtmasse vernachlässigt werden, wie Abbildung 7.6 anhand der approximierten Gesamtmasse zeigt.

Brennraumvolumen V_Z
Das Brennraumvolumen V_Z ändert sich abhängig von der Kurbelwellenstellung periodisch mit der Kolbenbewegung. Es lässt sich über die Kolbenbewe-

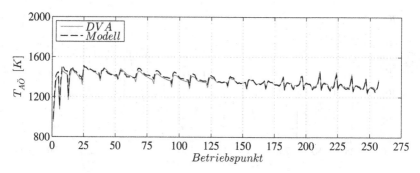

Abbildung 7.7: Temperatur kurz vor Auslass öffnet $T_{A\ddot{O}}$ für das Kennfeld

gungsgleichung berechnen, deren Herleitung Abschnitt O. im Anhang entnommen werden kann [59]:

$$V_Z = V_c + A_K \cdot r \cdot \left[(1 - cos\varphi) + \frac{1}{\lambda_S} \cdot \left(1 - \sqrt{1 - \lambda_S^2 \cdot sin^2\varphi} \right) \right] \qquad \text{Gl. 7.5}$$

Temperatur des Arbeitsgases kurz vor Öffnen der Auslassventile $T_{A\ddot{O}}$

Die Basis für die Modellierung der Abgastemperatur vor Turbine stellt die Massenmitteltemperatur des Arbeitsgases im Brennraum kurz vor dem Öffnen der Auslassventile $T_{A\ddot{O}}$ dar. Um den Einfluss des Signalrauschens zu minimieren, wird die „Brennraumauslasstemperatur" $T_{A\ddot{O}}$ als arithmetischer Mittelwert aus den drei nach Gleichung 7.1 berechneten Temperaturen des Arbeitsgases bei den Kurbelwinkeln $\varphi = 134; 135; 136\ °KW$ interpretiert. Abbildung 7.7 vergleicht die mit diesem Ansatz

$$T_{A\ddot{O}} = \frac{T_{134} + T_{135} + T_{136}}{3} \qquad \text{Gl. 7.6}$$

ermittelten „Auslasstemperaturen" mit den mit Hilfe von Druckverlaufsanalysen berechneten Temperaturen bei $\varphi = 135\ °KW$.

7.2.2 Modellierung der Abgastemperaturänderung zwischen Brennraum und Turbine

Ausgehend von der berechneten Brennraumtemperatur kurz vor „Auslass öffnet" $T_{A\ddot{O}}$, müssen für die Modellierung der Abgastemperatur vor Turbine $\hat{T}_3$ die Temperaturänderungen des strömenden Abgases vom Brennraum bis hin zum

Turbineneintritt berücksichtigt werden. Neben den im Wesentlichen konvektiven Wärmeübergängen in den Auslasskanälen und dem Abgaskrümmer ist die Drosselung des Arbeitsgases bei Strömen über die Auslassventile zu nennen. Die Modellierung der Temperaturänderung bis Turbineneintritt erfolgt durch eine Kombination aus drei Untermodellen:

- ein rationales Polynom mit begrenzten Wechselwirkungen

- ein Wandmodell

- ein Thermoelementmodell

Die Modellparameter des rationalen Polynoms werden auf Basis eines Identifikationsdatensatzes mit Hilfe einer Regressionsanalyse geschätzt. Die Methodik dieses statistischen Verfahrens ist Abschnitt P. im Anhang zu entnehmen. Hingegen werden das Wand- als auch das Thermoelementmodell anhand von Temperatursprüngen kalibriert.

Modellierung der Abgastemperaturänderung mit Hilfe eines rationalen Polynoms

In [79] modelliert Zimmerer die Abgastemperatur vor Turbineneintritt mit Hilfe unterschiedlicher rationaler Polynome, an welche sich der Ansatz dieser Arbeit anlehnt. Während sich bei empirischen Polynomansätzen mit steigender Ordnung zwar tendenziell die Modellierung im Identifikationsraum verbessert, verschlechtert sich jedoch die Extrapolationsfähigkeit deutlich, weswegen hier ein Polynom erster Ordnung verwendet wird. Die erklärenden Variablen des empirischen Modelles werden anhand physikalischer Zusammenhänge mit der Abgastemperatur ausgewählt. Als Eingangsgrößen u_i werden die nach Unterabschnitt 7.2.1 modellierte Brennraumauslasstemperatur $T_{A\ddot{O}}$, die reziproke Motordrehzahl $1/n$, das reziproke Luftverhältnis $1/\lambda$, die Kühlwassertemperatur T_{KW} sowie der Saugrohrdruck p_{SR} verwendet. Da die zu schätzenden Koeffizienten a_i nicht einheitenbehaftet sind, werden sämtliche Eingangsgrößen normiert. Entsprechend der linearen Beziehung

$$\hat{y} = a_0 + a_1 \tilde{u}_1 + \ldots + a_n \tilde{u}_n + a_{n+1} \tilde{u}_1 \tilde{u}_2 + \ldots + a_m \tilde{u}_{n-1} \tilde{u}_n + a_{m+1} \tilde{u}_1 \tilde{u}_2 \tilde{u}_3 + \ldots$$
$$+ a_k \tilde{u}_{n-2} \tilde{u}_{n-1} \tilde{u}_n + a_{k+1} \tilde{u}_1 \tilde{u}_2 \tilde{u}_3 \tilde{u}_4 + \ldots + a_l \tilde{u}_{n-3} \tilde{u}_{n-2} \tilde{u}_{n-1} \tilde{u}_n + a_{l+1} \prod_{i=1}^{i=n} \tilde{u}_i$$

$$\text{Gl. 7.7}$$

wird unter Berücksichtigung der normierten Eingangsgrößen $\tilde{u}_i$ und derer gegenseitiger Wechselwirkungen die Temperatur vor Turbineneintritt im Beharrungszustand $\hat{T}_{3,stat}$ modelliert. Die Schätzung der Modellparameter a_i erfolgt, wie am Ende dieses Unterabschnittes diskutiert, unter Zuhilfenahme einer Regressionsanalyse.

Modellierung des Einflusses der thermischen Massen im transienten Betrieb

Ansatzbedingt wird der Einfluss der thermischen Massen im transienten Betrieb durch das rationale Polynom mit begrenzten Wechselwirkungen (Gleichung 7.7) nicht berücksichtigt. Es modelliert entsprechend seiner Kalibrierung mit einem Identifikationsdatensatz aus dem stationären Motorbetrieb lediglich die Abgastemperatur $\hat{T}_{3,stat}$ des Beharrungszustandes. Daher wird der Modellansatz um ein Quasi-Wandmodell erweitert. Der konvektive Wärmestrom zwischen strömendem Fluid und begrenzender Wand kann mit Hilfe des Newtonschen Wärmeübergangsansatzes

$$\dot{Q}_{W,Kr} = \alpha_{Kr} \cdot A_{Kr} \cdot \left(T_{W,Kr} - T_{3,stat} \right) \qquad \text{Gl. 7.8}$$

berechnet werden [2]. Zur Modellierung der thermischen Trägheit werden die Wandungen der Auslasskanäle und des Luftspalt isolierten Abgaskrümmers zusammengefasst, und deren Zeitverhalten mit einem proportional wirkenden Verzögerungsglied erster Ordnung approximiert. Die Differentialgleichung eines *PT_1-Gliedes* lautet [51]:

$$\tau \cdot \dot{y}(t) + y(t) = k_s \cdot u(t) \qquad \text{Gl. 7.9}$$

Wird von Differentialen zu Differenzen übergegangen und auf die Ausgangsgröße y_i aufgelöst, lässt sich mit der Rechenschrittweite Δt und der Zeitkonstante τ_i die für den transienten Betrieb relevante mittlere Wandtemperatur zeitdiskret berechnen:

$$y_i = \frac{1}{\frac{\tau_i}{\Delta t} + 1} \cdot \left[\underbrace{k_s}_{=1} \cdot u_i + \frac{\tau_i}{\Delta t} \cdot y_{i-1} \right] \qquad \text{Gl. 7.10}$$

Die Zeitkonstante τ_i wird in Abhängigkeit der charakteristischen Länge $L_{W,Kr}$ und der Strömungsgeschwindigkeit des Abgases v_{Abg} mit

$$\tau_{W,Kr} = \frac{L_{W,Kr}}{\sqrt{v_{Abg}}} \qquad \text{Gl. 7.11}$$

approximiert. Mit Hilfe der Energiebilanz

$$\dot{H}_{Abg} = \dot{H}_{Abg,stat} + \dot{Q}_{W,Kr}$$
$$\dot{m}_{Abg} \cdot c_p \cdot \hat{T}_3 = \dot{m}_{Abg} \cdot c_p \cdot \hat{T}_{3,stat} + \alpha_{Kr} \cdot A_{Kr} \cdot \left(\hat{T}_{W,Kr} - \hat{T}_{3,stat} \right) \qquad \text{Gl. 7.12}$$

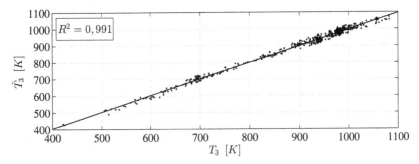

Abbildung 7.8: Regression der modellierten Abgastemperatur vor Turbine $\hat{T}_3$

lässt sich die mittlere Gastemperatur vor Turbineneintritt $\hat{T}_3$ approximieren. Die Kalibrierung des Wandmodells erfolgt, wie anschließend diskutiert, anhand von Identifikationsdatensätzen aus transientem Motorbetrieb.

Thermische Trägheit des Thermoelementes
Die thermische Trägheit eines Thermoelementes wird analog zur Modellierung des Zeitverhaltens der Auslasskanäle und des Abgaskrümmers mit Hilfe eines *PT$_1$-Gliedes* nach Gleichung 7.10 approximiert. Die Zeitkonstante τ_S, welche sich für das der Eingangsgröße verzögerte Folgen der Ausgangsgröße verantwortlich zeigt, kann nach [72] in Abhängigkeit des Sensordurchmessers d_S und der Strömungsgeschwindigkeit v_{Abg} approximiert werden:

$$\tau_S = C \cdot \frac{d_S^{1,5}}{\sqrt{v_{Abg}}}$$ Gl. 7.13

So ist es mit diesem Ansatz möglich, durch ein einfaches Umstellen des Sensordurchmessers im Modell die thermische Trägheit der verschiedenen in Abbildung 7.1 dargestellten Thermoelemente zu approximieren. Die Konstante C hängt von der Ausführung des Sensors ab und wird in dieser Arbeit mit $C = 6,5$ kalibriert.

Modellparameteridentifikation
Die Identifikation der Modellparameter a_i des rationalen Polynoms aus Gleichung 7.7 erfolgt anhand am Stationärprüfstand vermessener Betriebspunkte. Mit Hilfe einer Regressionsanalyse werden diese auf Basis der Methode der kleinsten Quadrate geschätzt. Um einen ausreichend großen Versuchsraum abzudecken und eine spätere Extrapolationswahrscheinlichkeit bei der Modellierung zu minimieren, beinhaltet der Identifikationsdatensatz Kennfeldvermes-

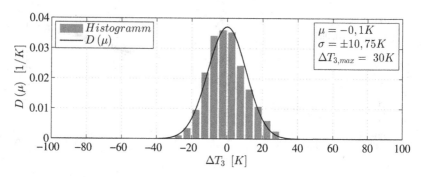

Abbildung 7.9: Statistische Auswertung des Kalibrierdatensatzes mit einer Klassenbreite von 5 K

sungen mit Kühlwassertemperaturen von $50°C$, $75°C$ und $95°C$ sowie Messpunkte mit Einspritzvariationen unterschieldicher Brennverfahren. Das Ergebnis der Regressionsanalyse nach Unterabschnitt 8 ist in Abbildung 7.8 dargestellt. Wie anhand der Punktewolke und des hohen Bestimmtheitsmaßes $R^2 = 0,991$ zu erkennen, können die gemessenen Abgastemperaturen T_3 mit einer hohen Genauigkeit modelliert werden. Bemerkenswert ist die Modellgüte gerade im Hinblick auf die große untersuchte Temperaturspreizung von $430 \leq T_3 \leq 1080\ K$.

Abbildung 7.9 zeigt die Verteilung der Modellabweichungen bei einer Klassenbreite von 5 K und die dazugehörige Wahrscheinlichkeitsdichtefunktion $D(\mu)$. Die Residuen stellen sich als normalverteilt um die mittlere Abweichung von $\mu = -0,1\ K$ dar. Somit kann davon ausgegangen werden, dass diese keine weiteren systematischen Informationen enthalten. Die Standardabweichung liegt bei $\sigma = \pm 10,75\ K$ und die maximale absolute Abweichung beträgt $\Delta T_{3,max} = 30\ K$. Die Regressionsparameter a_i der Schätzung sind Tabelle A.17 im Anhang zu entnehmen. Zur Beurteilung der Drehzahl und Last spezifischen Modellgüte sind die gemessenen T_3 und modellierten Abgastemperaturen $\hat{T}_3$ sowie die absoluten und prozentualen Abweichungen der zur Parametrierung herangezogenen Kennfeldvermessungen mit unterschiedlichen Kühlwassertemperaturen im Anhang in den Abbildungen A.10 bis A.12 dargestellt. Dabei ist festzustellen, dass im Volllastbereich bei Drehzahlen von $n > 3800\ [min^{-1}]$ der Modellansatz zu niedrige Temperaturen modelliert. Ein Grund hierfür ist, dass es sich um keinen reinen Entspannungsprozess vom Brennraum in die Abgasanlage handelt. So ist hier die Wärmefreisetzung noch nicht abgeschlossen, was zu einem Unterschätzen des Modells führt. Weiter wird im Modellansatz die Leckage vernachlässigt, was sich fast ausschließlich

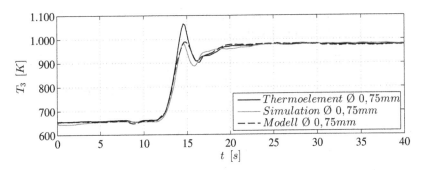

Abbildung 7.10: Abgastemperatur bei der Drehzahl-/Lastrampe ($n = 1500\ min^{-1}$, $p_{mi} = 1,8\ bar$ auf $n = 3000\ min^{-1}$, $p_{mi} = 11,9\ bar$)

im Volllastbereich mit zu großen Brennraummassen und nach Gleichung 7.1 einem Unterschätzen der Temperatur bemerkbar macht.

Die Parameter des Wandmodells werden anhand verschiedener Drehzahl-/Lastrampen abgestimmt. Dabei werden die Abgastemperaturverläufe T_3 hochdynamisch von einem Thermoelement mit einem Durchmesser von $d = 0,75\ mm$ gemessen. Abbildung 7.10 zeigt das Ergebnis des kalibrierten Modelles bei einem dieser Drehzahl-/Lastsrampen. Neben den Verläufen aus Messung und Modellierung ist zusätzlich zur Beurteilung der Modellgüte der Temperaturverlauf aus einer 1D Simulation mit dargestellt. Das 1D Simulationsmodell ist ebenfalls auf Basis dieser Drehzahl-/Lastrampen kalibriert.

Es ist ersichtlich, dass die modellierte Abgastemperatur der sensierten über die gesamte Messdauer hinweg sehr gut folgt. Lediglich bei der Temperaturspitze berechnet das Modell wie auch die 1D Simulation eine zu niedrige Temperatur.

In Abbildung 7.11 sind die weiteren zur Abstimmung des Wandmodells herangezogenen Drehzahl-/Lastsrampen dargestellt. Wie ersichtlich, besitzt der Modellansatz hier ebenfalls ein korrektes transientes Verhalten mit lediglich geringen Abweichungen zur gemessenen Abgastemperatur. Weiter zeigt sich, dass innerhalb des abgestimmten Versuchsraumes der halbempirische Ansatz vergleichbar genaue Ergebnisse wie die 1D Simulation liefert.

Um herauszuarbeiten, ob der Einfluss der thermischen Massen des Wandmodells korrekt berücksichtigt ist, wird bei der Thermoelementmodellierung der Sensordurchmesser auf $d = 3\ mm$ umgestellt. So muss bei korrekter Kalibrierung der thermischen Massen der berechnete Temperaturverlauf ein annähernd gleiches zeitliches Verhalten wie der mittels Seriensensor gemessene

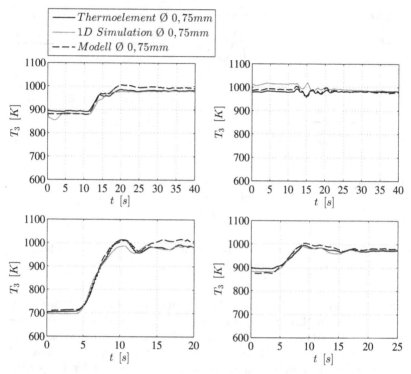

Abbildung 7.11: Abgastemperatur bei unterschiedlichen Drehzahl-/Lastsrampen

aufweisen. Abbildung 7.12 vergleicht dazu die Abgastemperaturverläufe des Seriensensors, der entsprechenden 1D Simulation und des Modellansatzes mit $d = 3\ mm$ Thermoelementapproximation.

Wie bei der Modellierung mit dünnem Thermoelementmodell wird der qualitative Verlauf gut wiedergegeben und zeigt keinerlei Nachteile gegenüber der 1D Simulation, was auf eine korrekte Approximation der thermischen Massen schließen lässt. Die modellierten Temperaturen liegen jedoch auf einem leicht erhöhten Niveau. Grund hierfür ist die Kalibrierung des rationalen Polynoms auf Basis von Messungen mit einem $d = 0,75\ mm$ Thermoelement. Dieses besitzt eine geringere Wärmeleitung und -strahlung als ein $d = 3\ mm$ Thermoelement, sodass bei gleicher Einbaulage im Abgaskrümmer das dicke Thermoelement eine geringfügig niedrigere Temperatur sensiert. Beziehungsweise berechnet der Modellansatz kalibrierungsbedingt eine geringfügig höhere Temperatur als der Seriensensor misst.

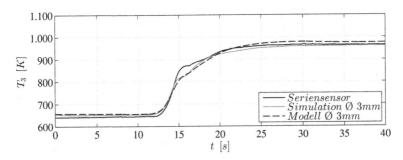

Abbildung 7.12: Abgastemperatur bei der Drehzahl-/Lastrampe ($n = 1500 \ min^{-1}$, $p_{mi} = 1,8 \ bar$ auf $n = 3000 \ min^{-1}$, $p_{mi} = 11,9 \ bar$)

Die restlichen Drehzahl-/Lastsprünge in Abbildung 7.13 zeigen das gleiche Verhalten. Während der qualitative Verlauf gut wiedergegeben wird, weisen sämtliche Modellierungen mit $d = 3 \ mm$ Thermoelementmodell geringfügig zu hohe Werte auf. Die Parameter des Wandmodells können Abbildung A.9 und Tabelle A.18 im Anhang entnommen werden.

7.3 Ergebnisse der Erprobung des Abgastemperaturmodells

Die Verifizierung des Abgastemperaturmodells erfolgt anhand noch nicht verwendeter Testdaten. Diese umfassen die Zyklen:

- NEFZ

- RTS 5%

- RTS 50%

- RTS 95%

Im Gegensatz zum NEFZ, welcher ein vergleichsweise stationäres Geschwindigkeitsprofil aufweist, zeichnen sich die RTS-Zyklen vor allem durch ihre höhere Dynamik aus. Der RTS 5%, RTS 50% und RTS 95% , auch als *Random Soft*, *Random Norm* und *Random Agressive* bezeichnet, sind zufällig aus 30.000 Ersatzprofilen zusammengesetzte Referenzzyklen, welche das Verhalten im realen Fahrbetrieb abbilden sollen. Deren Bezeichnung gibt dabei an, wie viel der sonstigen Ersatzzyklen prozentual niedriglastiger sind. Beim RTS

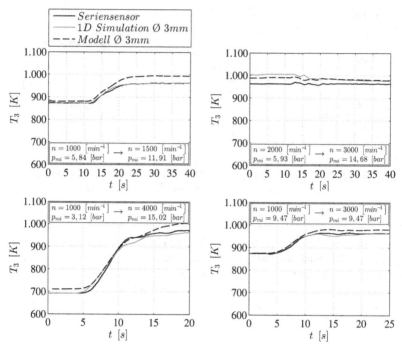

Abbildung 7.13: Abgastemperatur bei unterschiedlichen Drehzahl-/Lastrampen

95% zeichnen sich somit lediglich 5% der restlichen Ersatzprofile mit höheren Lasten aus. Die Geschwindigkeitsverläufe der jeweiligen Testdaten können der Abbildung A.13 im Anhang entnommen werden. Folgend wird die Verifizierung exemplarisch für die analysierten Zyklen beim hochdynamischen, dem realen Fahrbetrieb vergleichbaren, *RTS 95%* diskutiert. Abbildung 7.14 zeigt das Ergebnis der Modellierung mit $d = 3$ *mm* Thermoelementmodell.

Das Abgastemperaturmodell liefert über den gesamten Zyklus hinweg sehr gute Ergebnisse. So streuen die bei einer Modellierung unvermeidlichen Abweichungen ohne systematischen Versatz normalverteilt um die Nulllage $\mu = 0,83\ K$, wie die statistische Auswertung in Abbildung 7.15 illustriert. Bei einer Standardabweichung von $\sigma = \pm12,13\ K$ beträgt der maximale Fehler in diesem transienten Betrieb lediglich $\Delta T_{3,max} = 43\ K$.

Abbildung 7.16 zeigt das Ergebnis der Verifizierung mit $d = 0,75$ *mm* Thermoelementmodell. Die modellierte Abgastemperatur folgt der hochdynamischen Messung über den Zyklus hinweg ebenfalls gut, wenngleich tendenzi-

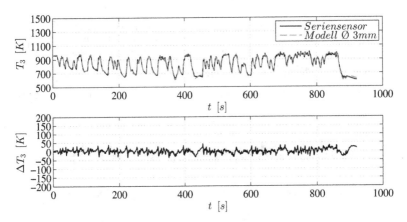

Abbildung 7.14: Abgastemperaturverlauf T_3 im RTS 95%

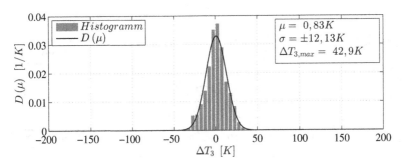

Abbildung 7.15: Statistische Auswertung der Modellierung mit $d = 3mm$ im RTS 95%

ell auf einem geringfügig zu niedrigen Niveau. So streuen die Abweichungen, wie Abbildung 7.17 zeigt, normalverteilt mit einer Standardabweichung von $\sigma = \pm 26{,}7\ K$ um die mittlere Abweichung von $\mu = 14{,}3\ K$. Weiter treten, der hohen Dynamik geschuldet, kurzzeitig merkliche Abweichungen auf. Die maximale Abweichung beträgt $\Delta T_{3,max} = -90{,}6\ K$.

In Abbildung 7.18 ist als Referenz die Abweichung zwischen Seriensensor und $d = 0{,}75\ mm$ Thermoelement dargestellt. Aufgrund der geringen thermischen Masse des Thermoelementes kann davon ausgegangen werden, dass dessen sensierter Temperaturverlauf auch im hochdynamischen Betrieb in guter Näherung der tatsächlichen Gastemperatur entspricht. Dabei zeigt sich deutlich

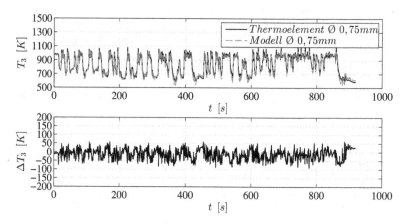

Abbildung 7.16: Abgastemperaturverlauf T_3 im RTS 95%

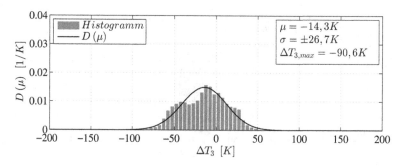

Abbildung 7.17: Statistische Auswertung der Modellierung mit $d = 0,75mm$ im RTS 95%

die thermische Trägheit des Seriensensors. So weichen dessen sensierte Temperaturen mit $\Delta T_{3,max} = -281\ K$ mit dem Faktor 3 weiter von der Thermoelementmessung ab als die Modellierung mit $d = 0,75\ mm$ in Abbildung 7.16.

Die statistische Auswertung in Abbildung 7.19 unterstreicht diesen Sachverhalt. Die Abweichungen des Seriensensors streuen mit einer Standardabweichung von $\sigma = \pm 64,3\ K$ normalverteilt um die mittlere Abweichung von $\mu = -4,2\ K$.

Es bleibt festzuhalten, dass die Modellierung mit $d = 0,75\ mm$ Thermoelement zwar kurzzeitig nennenswerte Abweichungen aufweist, vor allem im transienten Betrieb jedoch wesentlich genauere Ergebnisse liefert als der Seriensen-

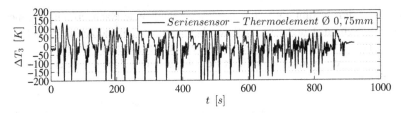

Abbildung 7.18: Abweichung der gemessenen Abgastemperatur zwischen Serien-sensor und Thermoelement ΔT_3 im RTS 95%

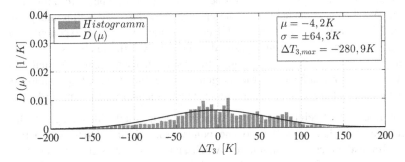

Abbildung 7.19: Statistische Auswertung der Seriensensorabweichung im RTS 95%

sor. Die Auswertung der weiteren Verifizierungszyklen kann den Abbildungen A.14 bis A.31 im Anhang entnommen werden. Bei diesen zeigt sich jeweils das gleiche Verhalten. Zwar treten bei der Modellierung mit $d = 0,75$ *mm* Thermoelement auf den ersten Blick relativ große Abweichungen auf, jedoch sind diese deutlich geringer als die Abweichungen des Seriensensors zur tat-sächlichen Gastemperatur.

7.4 Modellierung eines virtuellen Druckverlaufes ohne Nachverbrennung

7.4.1 Analyse des Polytropenexponenten in der Expansion

Um bei den diskutierten Sonderbrennverfahren den Einfluss der angelagerten Nacheinspritzung auf den Verbrennungsprozess zu quantifizieren, soll ab deren Injektionsbeginn ein virtueller Druckverlauf ohne Nachverbrennung modelliert werden. Durch eine Differenzbetrachtung zum indizierten Druckverlauf lässt sich mit Hilfe dessen der Anteil der Nachverbrennung bestimmen. Die Expansion im Brennraum lässt sich als polytrope Zustandsänderung interpretieren:

$$p_Z(\varphi + \Delta\varphi) = p_Z(\varphi) \cdot \left(\frac{V_Z(\varphi)}{V_Z(\varphi + \Delta\varphi)} \right)^n \qquad \text{Gl. 7.14}$$

Die Wandwärmeverluste über die Systemgrenzen werden dabei durch den momentanen Polytropenexponenten n berücksichtigt. Verglichen zum momentanen Adiabatenexponenten κ ist dieser nach Abschluss der Verbrennung ein Maß für den Wandwärmestrom [7]. Der momentane Polytropenexponent wird mit Hilfe von 1D Verbrennungssimulationen analysiert. Auf Basis derer soll eine empirische Näherungsgleichung für das Versuchsaggregat aufgestellt, im Anschluss daran anhand von Messungen verifiziert und bei der Expansionsmodellierung mit einem konstanten Polytropenexponenten verglichen werden.

Abbildung 7.20 zeigt die aus den Druckvektoren mittels Gleichung 7.14 berechneten Verläufe des Polytropenexponenten n bei einer Drehzahlvariation im Teillastbereich. Die simulierten Arbeitsspiele zeichnen sich durch ein dem Normalbrennverfahren vergleichbaren Einspritzmuster aus zwei Voreinspritzungen und einer Haupteinspritzung aus. In den Abbildungen A.32 und A.33 im Anhang sind die dazugehörigen Druck- und Brennverläufe dargestellt.

Wird der Polytropenexponent n im Kurbelwinkelintervall nach dem Verbrennungsende $dQ_b/d\varphi = 0\,J/°KW$ betrachtet, lässt sich dieser mit Hilfe einer Geradengleichung approximieren. In Abhängigkeit der Motordrehzahl n_{Mot}, welche sich für die für den Wärmeübergang zur Verfügung stehende Zeit verantwortlich zeichnet, und des momentanen Kurbelwinkels φ werden die Koeffizienten des linearen Ansatzes mittels Regressionsanalysen geschätzt. Durch Normierung der Eingangsgrößen mit $n_{Mot,norm} = 750\,min^{-1}$ und $\varphi_{norm} = 180\,°KW$ ergibt sich für den momentanen Polytropenexponenten n nach Verbrennungsende in der Expansion:

$$n(\varphi) = 1,30 - 0,01 \cdot \frac{n_{Mot}}{n_{Mot,norm}} + 0,14 \cdot \frac{\varphi}{\varphi_{norm}} \qquad \text{Gl. 7.15}$$

Abbildung 7.21 zeigt neben den Verläufen aus der 1D Simulation die nach Gleichung 7.15 ermittelten Polytropenexponenten nach dem Verbrennungsende.

Um den Druckverlauf auch im Ausbrand unter der Annahme einer Polytropenbeziehung mit Gleichung 7.14 modellieren zu können, wird der Ansatz

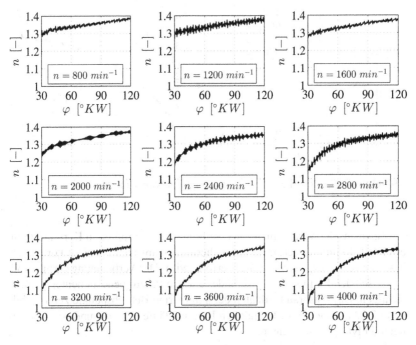

Abbildung 7.20: Verläufe des Polytropenexponenten bei einer Drehzahlvariation aus einer 1D Verbrennungssimulation

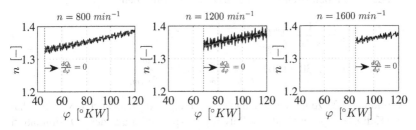

Abbildung 7.21: Modellierte Verläufe des Polytropenexponenten nach Verbrennungsende

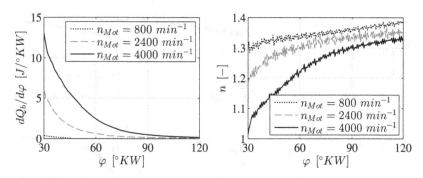

Abbildung 7.22: Modellierte Brenn- und Polytropenexponentenverläufe

um einen aus der Vorgeschichte der Verbrennung kontrollierten Korrekturterm erweitert. Es sei vermerkt, dass dies thermodynamisch zwar nicht korrekt ist, jedoch aus Ansatzgründen weiter verfolgt wird. Der Verbrennungsterm ζ soll empirisch den Einfluss des Ausbrandes auf den Polytropenexponenten berücksichtigen. Das Ausbrandverhalten der simulierten Betriebspunkte zeigt Abbildung 7.22 anhand der differentiellen Brennverläufe $dQ_b/d\varphi$ und der momentanen Polytropenexponenten.

Normiert mit φ_{norm} und der gesamt zugeführten Energie $Q_{b,ges}$ lässt sich der Verbrennungseinfluss auf den Polytropenexponenten mit Hilfe des momentanen differentiellen Brennverlaufes $dQ_b/d\varphi$ beschreiben:

$$\zeta = \frac{1}{8,64} \cdot \frac{\varphi_{norm}}{Q_{b,ges}} \cdot \frac{dQ_b}{d\varphi}$$
$$n = 1,30 - 0,01 \cdot \frac{n}{n_{Mot,norm}} + 0,14 \cdot \frac{\varphi}{\varphi_{norm}} - \zeta$$

Gl. 7.16

Abbildung 7.23 zeigt, dass die nach Gleichung 7.16 berechneten Verläufe den zur Kalibrierung verwendeten Polytropenexponenten aus der 1D Simulation über das Expansionsintervall sowohl im Ausbrand als auch nach Ende der Verbrennung hinweg gut folgen.

7.4.2 Ergebnisse der Verifizierung der Polytropenexponentenapproximation

Die Verifizierung des empirischen Ansatzes zur Modellierung des Polytropenexponenten erfolgt anhand noch nicht verwendeter Testdaten. Diese umfassen

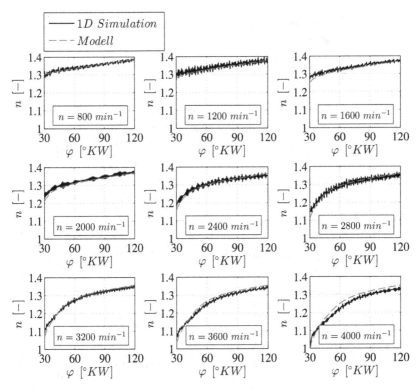

Abbildung 7.23: Modellierte Polytropenexponentenverläufe

Indiziermessungen über den gesamten Betriebsbereich des Versuchsaggregates. Exemplarisch sind in Abbildung 7.24 die Polytropenexponentenverläufe neun unterschiedlicher Betriebspunkte der Verifizierung aufgetragen.

Es zeigt sich, dass der auf Basis der 1D Verbrennungssimulation entwickelte und kalibrierte empirische Ansatz die von den Wandwärmeströmen abhängige polytrope Zustandsänderung des Versuchsaggregates sehr gut beschreibt. Die weiteren überprüften Polytropenexponentenverläufe weisen ein gleich gutes Approximationsverhalten auf und sind in Abbildung A.34 im Anhang dargestellt.

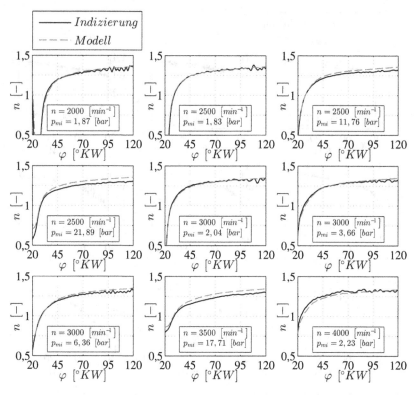

Abbildung 7.24: Verifizierung der Polytropenexponentenapproximation

7.4.3 Ergebnisse der Modellierung der Expansion ohne Nachverbrennung

Ein Vergleich zwischen der Expansionsmodellierung (Gleichung 7.14) mit Hilfe des erarbeiteten Ansatzes nach Gleichung 7.16 und der Modellierung mit einem konstanten Polytropenexponenten $n = 1,32$ ist in Abbildung 7.25 anhand einer Differenzbetrachtung zum indizierten Druckverlauf bei den gleichen Betriebspunkten wie in Abbildung 7.24 zu sehen.

Beim konstanten Polytropenexponenten treten im Gegensatz zum variablen Exponenten teilweise nennenswerte Abweichungen zum indizierten Druckverlauf auf, welche zu einer fehlerhaften Berechnung weiterer Größen führen. Die Fortpflanzung des Fehlers einer zu ungenauen Druckverlaufsmodellierung ist in Abbildung 7.26 anhand der Abweichungen im indizierten Mitteldruck Δp_{mi}

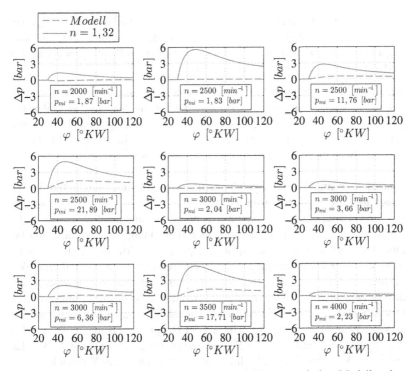

Abbildung 7.25: Differenz bei der Expansionsmodellierung zwischen Modell und konstantem Polytropenexponenten

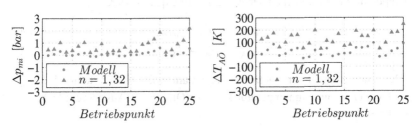

Abbildung 7.26: Differenzen bei der Expansionsmodellierung im indizierten Mitteldruck und der Brennraumtemperatur

und der Brennraumtemperatur kurz vor Öffnen der Auslassventile $\Delta T_{A\ddot{o}}$ dargestellt. Aufgetragen sind die Differenzen der Modellierung sowohl mit konstantem Polytropenexponenten als auch mit variablem Polytropenexponenten zu den Werten aus der Druckverlaufsanalyse.

Wie die deutlich größeren Differenzen bei der Modellierung mit konstantem Polytropenexponenten verdeutlichen, ist die Verwendung des variablen Exponenten für eine Ermittlung des Einflusses der angelagerten Nacheinspritzung *Pol*1 auf die Abgastemperatur $\Delta T_{3,Pol1}$ und den indizierten Mitteldruck $\Delta p_{mi,Pol1}$ beim diskutierten Regelkonzept vorzuziehen.

Einfluss der angelagerten Nacheinspritzung auf den indizierten Mitteldruck und die Abgastemperatur

Bei den vorgestellten Sonderbrennverfahren ist es somit möglich, auf Basis der Approximation des Polytropenexponenten (Gleichung 7.14), ab Injektionsbeginn der angelagerten Nacheinspritzung φ_{Pol1} eine virtuelle Expansion unter Ausschluss der Wärmezufuhr durch die Nachverbrennung zu modellieren. Wie in Unterabschnitt 6.1.1 diskutiert, kann mit dem hydraulischen Ansteuerbeginn der Nacheinspritzung zudem das Ende der Hauptverbrennung definiert werden. Das Arbeitsspiel erfährt bei den darauf folgenden Kurbelwinkeln demnach keine Wärmezufuhr mehr aus dem Umsatz der Haupteinspritzung, weswegen bei der Expansiosmodellierung der Verbrennungsterm ζ in Gleichung 7.16 entfallen kann. Wie Abbildung 7.27 illustriert, lässt sich mit dem Vergleich von gemessenem zu modelliertem Druck- und Temperaturverlauf der absolute Anteil der Nachverbrennung Δx_{NV} am indizierten Mitteldruck und der Brennraumtemperatur kurz vor Öffnen der Auslassventile quantifizieren:

$$\Delta p_{mi,NV} = p_{mi} - p_{mi,oNV} \qquad \text{Gl. 7.17}$$

$$\Delta T_{A\ddot{o},NV} = T_{A\ddot{o}} - T_{A\ddot{o},oNV} \qquad \text{Gl. 7.18}$$

Der relative Anteil der Nachverbrennung am indizierten Mitteldruck $X_{p_{mi,NV}}$ und an der Brennraumtemperatur kurz vor Öffnen der Auslassventile $X_{T_{A\ddot{o},NV}}$ ergibt sich aus:

$$X_{p_{mi,NV}} = \frac{\Delta p_{mi,NV}}{p_{mi}} \qquad \text{Gl. 7.19}$$

$$X_{T_{A\ddot{o},NV}} = \frac{\Delta T_{A\ddot{o},NV}}{T_{A\ddot{o}}} \qquad \text{Gl. 7.20}$$

Unter der Annahme, dass die Nachverbrennung den gleichen relativen Anteil an der Abgastemperatur vor Turbineneintritt wie an der Brennraumtemperatur

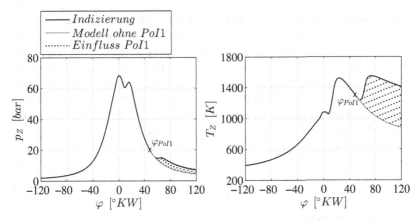

Abbildung 7.27: Einfluss der angelagerten Nacheinspritzung auf Brennraumdruck und -temperatur

kurz vor Öffnen der Auslassventile besitzt, lässt sich der absolute Anteil der Nachverbrennung an der Abgastemperatur vor Turbineneintritt ermitteln:

$$\Delta \hat{T}_{3,NV} = \hat{T}_3 \cdot X_{T_{A\ddot{O},NV}} \qquad \text{Gl. 7.21}$$

Wird dieser durch die Masse der angelagerten Nacheinspritzung m_{PoI1} dividiert, ergibt sich bei linearer Annahme die auf die Nacheinspritzmasse bezogene Temperaturerhöhung $\delta_{\hat{T}_{3,PoI1}}$:

$$\delta_{\hat{T}_{3,PoI1}} = \frac{\Delta \hat{T}_{3,NV}}{m_{PoI1}} \qquad \text{Gl. 7.22}$$

Analog lässt sich die auf die angelagerte Nacheinspritzmasse bezogene Erhöhung des indizierten Mitteldruckes $\delta_{p_{mi,PoI1}}$ berechnen:

$$\delta_{p_{mi,PoI1}} = \frac{\Delta p_{mi,NV}}{m_{PoI1}} \qquad \text{Gl. 7.23}$$

7.5 Funktionsstruktur des Regelkonzeptes

Durch die Modellierung der Abgastemperatur vor Turbine $\hat{T}_3$ und des Einflusses der angelagerten Nacheinspritzung *PoI*1 auf diese $\delta_{\hat{T}_{3,PoI1}}$ als auch den indizierten Mitteldruck im Hochdrucktakt des Arbeitsspieles $\delta_{p_{mi,PoI1}}$ sind die benötigten Größen für die in Abschnitt 7.1 diskutierte modellbasierte Abgastemperaturregelung definiert. Ziel ist es, die Regelabweichung der Abgastemperatur x_{T_3} mit Hilfe der beiden Stellgrößen Einspritzmasse der Haupt- und Nacheinspritzung m_{MI} und m_{PoI1} einzuregeln. Als Temperaturregler wird ein PI-Regler verwendet, welcher durch sein P-Verhalten eine große Dynamik besitzt und durch sein I-Verhalten eine bleibende Regelabweichung vermeidet [19]. Die proportionale Verstärkung K_p dessen entspricht der Inversen der auf die Nacheinspritzung bezogenen Temperaturerhöhung $\delta_{\hat{T}_{3,PoI1}}$:

$$K_p = \delta_{\hat{T}_{3,PoI1}}^{-1}$$

Gl. 7.24

$$m_{p,PoI1} = K_p \cdot x_{T_3}$$

Gl. 7.25

Mit dem integrierenden Anteil

$$m_{i,PoI1} = K_i \int_0^t x_{T_3} d\tau$$

Gl. 7.26

addiert,

$$m_{cor,PoI1} = m_{p,PoI1} + m_{i,PoI1}$$

Gl. 7.27

wird die Masse der angelagerten Nacheinspritzung mit $m_{cor,PoI1}$ korrigiert. Der Einfluss der Korrektur auf den indizierten Mitteldruck lässt sich mit

$$\Delta p_{mi,cor,PoI1} = m_{cor,PoI1} \cdot \delta_{p_{mi,PoI1}}$$

Gl. 7.28

beschreiben. Wie die Gleichungen 7.22 und 7.22 implizieren, wird angenommen, dass die Regeleingriffe aufgrund ihrer vergleichsweise geringen Massen ein lineares Ausgangsverhalten bewirken. Die Masse der Haupteinspritzung wird entsprechend der Beziehung

$$\delta_{p_{mi,MI}} = \frac{p_{mi,oNV}}{m_{PI} + m_{MI}}$$

Gl. 7.29

$$m_{cor,MI} = \frac{\Delta p_{mi,cor,PoI1}}{\delta_{p_{mi,MI}}}$$

Gl. 7.30

momentenneutral mit $m_{cor,MI}$ korrigiert. Die Regeleingriffe erfolgen additiv auf die vorgesteuerten Basiseinspritzmassen $m_{MI,FF}$ und $m_{PoI1,FF}$. Zur Veranschaulichung dieser Beziehungen und der Implementierung der einzelnen Module ist die Funktionsstruktur der modellbasierten Regelung in Abbildung 7.28 dargestellt. Der Übersichtlichkeit geschuldet nicht eingezeichnet, sind Motorsteuergerätefunktionen, welche die Regeleingriffe begrenzen können. Dazu

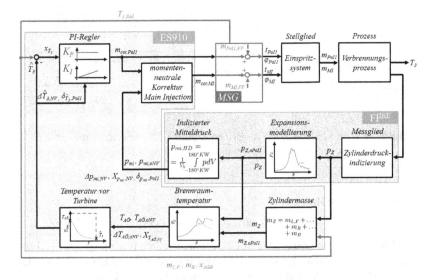

Abbildung 7.28: Funktionsstruktur der modellbasierten Verbrennungsregelung

zählen eine Maximallimitierung der Nacheinspritzmassenkorrektur $m_{cor,Po11}$, um ein zu niedriges Luftverhältnis λ zu vermeiden sowie von der Gesamteinspritzmasse abhängige, begrenzende Minimal- und Maximalmassen der einzelnen Injektionen. Weiter werden die Regeleingriffe sowohl im Schubbetrieb als auch im Leerlauf verhindert.

7.6 Ergebnisse der Regelkonzepterprobung

Das modellbasierte Regelkonzept wird im DPF-Regenerationsbrennverfahren sowohl im stationären als auch im transienten Motorbetrieb erprobt. Die einzelnen Modelle werden dazu, wie in Abbildung 7.28 illustriert, auf dem FI^{2RE}-System und dem ES910-Bypassrechner implementiert.

Bei der Regelkonzepterprobung werden folgende Varianten analysiert:

- **stationärer Betrieb:**
  - Überprüfung der Funktionsweise und der Stabilität des Regelkreises mit Hilfe von Sollwertvariationen.

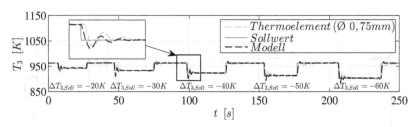

Abbildung 7.29: Modellbasierte Abgastemperaturregelung bei einer Sollwertvariation im stationären Motorbetrieb

- **transienter Betrieb:**
    - Überprüfung des Regelverhaltens und der Stabilität im NEFZ.

Die Funktionsweise und die Stabilität des vorgestellten Regelkonzeptes soll zunächst im stationären Motorbetrieb überprüft werden. Die Analyse erfolgt dabei mit Hilfe einer Variation der Führungsgröße $T_{3,Soll}$. Ausgehend vom eingeregelten Beharrungszustand wird mit unterschiedlichen Schrittweiten sprunghaft die Solltemperatur erniedrigt und anschließend wieder auf Ausgangszustand erhöht, um die Wirkweise der Regelung herauszuarbeiten. Die Temperaturverläufe dieser Variation zeigt Abbildung 7.29.

Dabei kann festgestellt werden, dass die Verwendung der Inversen der auf die Nacheinspritzung bezogenen Temperaturerhöhung als proportionale Verstärkung $K_p = \delta_{\hat{T}_{3,Pol1}}^{-1}$ ein zu schnelles Regelverhalten zur Folge hat. Zwar bleibt der Regelkreis trotz der abrupten Änderung der Führungsgröße stabil, dennoch macht sich ein zu großer Regeleingriff in einem Überschwingen der Regelgröße bemerkbar. Um diesem Umstand entgegenzuwirken, wird folgend die proportionale Verstärkung mit einem konstanten Wert $C < 1$ multipliziert, was eine Verringerung der Regelgeschwindigkeit bewirkt.

Wie Abbildung 7.30 veranschaulicht, ist mit der angepassten proportionalen Verstärkung ein stabiles und immer noch hochdynamisches Verhalten des Regelkreises bei den untersuchten Sollwertänderungen festzustellen. Dabei wird die Regelabweichung vollständig vom Regler ausgeglichen, ohne dabei überzuschwingen. Neben den in den Abbildungen 7.29 und 7.30 gezeigten Temperaturverläufen sind in den Abbildungen A.35 und A.36 im Anhang die Regeleingriffe und die indizierten Mitteldrücke der beiden Sollwertvariationen dargestellt.

Zur detaillierteren Analyse ist in Abbildung 7.31 der Sollwertsprung $\Delta T_{3,Soll} = -40\,K$ mit angepasstem P-Verhalten vergrößert dargestellt. Es ist deutlich zu

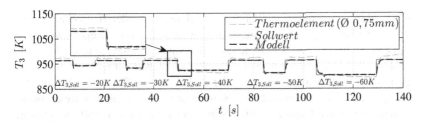

Abbildung 7.30: Modellbasierte Abgastemperaturregelung mit angepasstem P-Verhalten bei einer Sollwertvariation im stationären Motorbetrieb

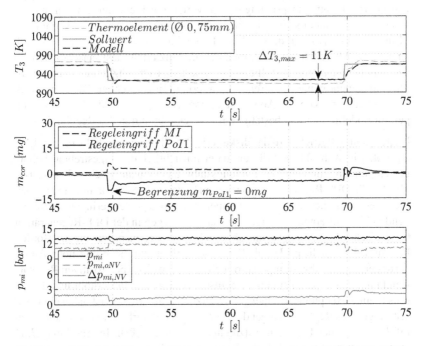

Abbildung 7.31: Modellbasierte Abgastemperaturregelung bei einer Sollwertvariation von $\Delta T_{3,soll} = -40K$ im stationären Motorbetrieb

sehen, dass durch die gegenläufigen Korrekturmassen der Haupteinspritzung $m_{cor,MI}$ und der angelagerten Nacheinspritzung $m_{cor,PoI1}$ die Regelabweichung mit einer hohen Dynamik minimiert werden kann. So folgt die modellierte Abgastemperatur $\hat{T}_3$ ohne nennenswertes Überschwingen mit nur geringer Verzögerung der sprunghaften Änderung der Solltemperatur $T_{3,Soll}$. Am Verlauf von $m_{cor,PoI1}$ ist zu sehen, dass diese direkt nach dem verringernden Sollwertsprung durch eine untere Grenze limitiert wird, welche in diesem Fall die gesamte vorgesteuerte Masse der angelagerten Nacheinspritzung $m_{PoI1,FF}$ darstellt. So wird hier kurzzeitig von der Regelung die Nacheinspritzung komplett „ausgeschaltet", um die Abgastemperatur zu senken. Die von $m_{cor,PoI1}$ abhängige Korrektur der Haupteinspritzung $m_{cor,MI}$ verläuft während der Limitierung entsprechend auf einem sich nicht ändernden Niveau. Der konstante Verlauf des Mitteldruckes p_{mi} zeigt, dass sich die Regeleingriffe momentenneutral verhalten und der Modellansatz die Aufteilung der injizierten Massen richtig berechnet. Als Referenz zur modellierten Temperatur ist zusätzlich der von einem Thermoelement gemessene Temperaturverlauf eingezeichnet. Dieser verdeutlicht mit einer maximalen Abweichung von $\Delta T_{3,max} = 11\,K$ die Güte der Temperaturmodellierung und bestätigt eine korrekte Funktion des Regelkreises.

Im transienten Betrieb wird das diskutierte Regelkonzept mit Hilfe eines NEFZ erprobt. Die Wahl fällt auf diesen, da er hinsichtlich der angestrebten Sollabgastemperaturen und der Verbrennungsstabilität einen anspruchsvollen Testzyklus für die DPF-Regenerationsverbrennung darstellt. So verlaufen im Normalbrennverfahren die „$Basis - T_3$" Temperaturen infolge der geringen aufzubringenden Last auf einem niedrigen Niveau, weswegen in der DPF-Regeneration hohe Nacheinspritzmengen mit abgesenkten Haupteinspritzmengen erforderlich sind. Dies stellt im Hinblick auf die Verbrennungsstabilität hohe Anforderungen an die Abgastemperaturregelung dar, welche bei positiven Regelabweichungen ($T_{3,soll} > T_3$) die Nacheinspritzmengen weiter erhöht und die bereits kleinen Haupteinspritzmengen zusätzlich erniedrigt. So ist dabei ein Überschwingen des Reglers zwingend zu vermeiden um Verbrennungsinstabilitäten infolge zu kleiner Haupteinspritzmengen auszuschließen. In Abbildung 7.32 ist ein Ausschnitt des ECE City-Zyklus dargestellt.

Während der Modellansatz in den Beschleunigungs- und Konstantphasen die Abgastemperatur sehr genau berechnet, zeichnen sich die Schubphasen durch zu niedrige Modellwerte aus. Im Hinblick auf die Abgastemperaturregelung kann dies jedoch als unkritisch bewertet werden, da im Schubbetrieb kein Kraftstoff injiziert wird und die Regelung inaktiv ist. Werden die Beschleunigungsphasen näher betrachtet, zeigt sich, dass durch die korrigierenden Regeleingriffe die Abgastemperatur ohne Verzögerung sehr gut der Solltemperatur folgt. In den konstanten Geschwindigkeitsphasen hingegen treten teilwei-

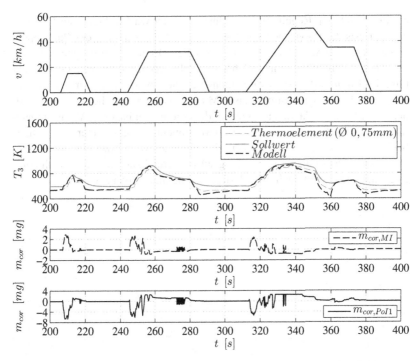

Abbildung 7.32: Modellbasierte Abgastemperaturregelung im ECE City-Zyklus

se Abweichungen auf. Im Zeitabschnitt mit einer konstanten Geschwindigkeit von $v = 50 \, km/h$ ist jedoch deutlich zu sehen, dass dies kein Fehlverhalten des Regelkreises ist. So wird die Korrekturmasse der Nacheinspritzung $m_{cor,Pol1}$ durch eine Maximalbegrenzung limitiert, was eine zu niedrige Abgastemperatur zur Folge hat. Weiter zeigen sowohl die Regeleingriffe $m_{cor,MI}$ und $m_{cor,Pol1}$ als auch der Temperaturverlauf $\hat{T}_3$, dass sich der Regelkreis auch im transienten Motorbetrieb stabil verhält.

In Abbildung A.37 im Anhang sind die Verläufe der untersuchten Größen über den gesamten Zyklus hinweg dargestellt.

Es bleibt festzuhalten, dass eine korrekte Funktionsweise der modellbasierten Verbrennungsregelung bestätigt werden kann. So zeigt der Regelkreis sowohl im stationären als auch transienten Motorbetrieb ein stabiles Verhalten. Mit Hilfe des Modellansatzes ist es möglich, mit einer deutlich höheren Dynamik als der Seriensensor, die Abgastemperatur vor dem Turbineneintritt zu ermitteln und dem Regelkreis zu zuführen. Weiter wird während der Expansion auf Basis der Polytropenbeziehung mittels Approximation des Polytropenexponenten eine Modellierung eines virtuellen Druckverlaufes ohne Nachverbrennung durchgeführt, mit welcher sich erfolgreich durch Differenzbetrachtung der Einfluss der Nacheinspritzung auf die Abgastemperatur und den indizierten Mitteldruck ermitteln lässt. Mit dem Nutzen einer höheren Dynamik der Regelgröße ist davon auszugehen, dass die modellbasierte Abgastemperaturregelung Vorteile gegenüber der konventionellen Abgastemperaturregelung besitzt. Inwieweit das modellbasierte Regelkonzept die aktuell eingesetzte sensorbasierte Abgastemperaturregelung substituieren kann, müssen jedoch künftige Untersuchungen auch unter Extrembedingungen noch zeigen.

8 Schlussfolgerung und Ausblick

Mit Hilfe der in dieser Arbeit vorgestellten Ansätze lassen sich auf Basis des Zylinderdruckes die Verbrennungsprozesse der dieselmotorischen Sonderbrennverfahren regeln. Verglichen mit ihren aktuell gesteuerten Einspritzstrategien stellt das verbrennungsgeregelte Motormanagement sein Potential für eine weitere Optimierung der Verbrennung unter Beweis, welches in Zukunft einen wichtigen Beitrag hinsichtlich niedrigerer Emissionen und Kundenverbräuche leisten kann.

Anzuführen wäre die in Kapitel 6 entworfene Regelung der Verbrennungslage und -form, auf Basis derer sich exemplarisch bei der Partikelfilterregeneration die Schwankungen des Kraftstoffumsatzes im Brennraum deutlich verringern lassen. So kann dieses, durch seine Vielzahl an Einspritzungen vor allem im Niedriglastbereich bedingt grenzwertig stabile Brennverfahren mit einem geringeren Toleranzabstand zur Aussetzergrenze ausgelegt werden. Wie weiter gezeigt, resultiert dies vor allem im transienten Betrieb in höheren Abgastemperaturen und damit kürzeren Regenerationsdauern. Beeindruckend ist dabei, dass die Optimierung lediglich durch eine Verlagerung der Verbrennungslagen um $\Delta\varphi = 4\,°KW$ in Richtung späterer Kurbelwinkellagen erzielt werden kann. Künftige Anwendungen, vor allem in Märkten mit unterschiedlichen Kraftstoffqualitäten wie beispielsweise Schlechtkraftstoff, werden zeigen, inwieweit die Sonderbrennverfahren durch eine Stabilisierung der Verbrennung und eine auf dieses Regelkonzept angepasste Bedatungen weiter optimiert werden können.

In Kapitel 7 wird ein modellbasiertes Regelkonzept vorgestellt, welches auf Basis des Zylinderdruckes sowohl die Abgastemperatur vor der Turbine als auch den Einfluss der angelagerten Nacheinspritzung auf den indizierten Mitteldruck und die Erhöhung der Abgastemperatur modelliert. Gerade im transienten Betrieb weist die modellierte Temperatur eine wesentlich höhere Präzision und Dynamik auf als der serienmäßig verbaute Abgastemperatursensor. Inwieweit mit dem modellbasierten Ansatz jedoch eine Sensorsubstitution erfolgen kann, muss weiter geprüft werden, da bei hohen Drehzahlen im Bereich der Volllast teilweise nennenswerte Modellabweichungen zu beobachten sind. Dennoch ist es denkbar, die Abgastemperatur der Sonderbrennverfahren mit dem Nutzen einer größeren Dynamik mit Hilfe des modellbasierten Ansatzes zu regeln und den Temperatursensor lediglich zu Adaptionszwecken im stationären Betrieb oder als Überwachungsinstanz zu verwenden.

Abschließend stellt sich die Frage, wie groß das Optimierungspotential für die Verbrennung der Sonderbrennverfahren bei einem parallelen Betrieb beider Regelkonzepte ist. Während die Regelung der Verbrennungslage und -form korrigierend auf die Ansteuerbeginne der Einspritzungen eingreift, verwendet der modellbasierte Regelkreis die Einspritzdauern beziehungsweise Einspritzmassen als Stellgrößen. Dies hat zur Folge, dass sich beide Konzepte für einen gemeinsamen Betrieb gegenseitig nicht ausschließen. So bleibt anzunehmen, dass eine parallele Verwendung beider Ansätze ein noch größeres Potential für eine Optimierung der Verbrennung besitzt als der jeweils alleinige Einsatz. Künftige Anwendungen müssen jedoch diese These noch bestätigen.

Literaturverzeichnis

[1] BAEHR, H. D.: Thermodynamik: Grundlagen und technische Anwendungen ; mit zahlreichen Tabellen sowie 74 Beispielen. Berlin and Heidelberg : Springer-Verlag Berlin Heidelberg, 2005

[2] BAEHR, H. D. ; STEPHAN, K.: Wärme- und Stoffübertragung. Berlin and Heidelberg : Springer-Verlag Berlin Heidelberg, 2010

[3] BARBA, C.: Erarbeitung von Verbrennungskennwerten aus Indizierdaten zur verbesserten Prognose und rechnerischen Simulation des Verbrennungsablaufes bei Pkw-DE-Dieselmotoren mit Common-Rail-Einspritzung, ETH Zürich, Dissertation, 2001

[4] BARGENDE, M.: Ein Gleichungsansatz zur Berechnung der instationären Wandwärmeverluste im Hochdruckteil von Ottomotoren, Technische Hochschule Darmstadt, Dissertation, 1991

[5] BARGENDE, M.: Schwerpunkt-Kriterium und Klingelerkennung - Bausteine zur automatischen Kennfeldoptimierung bei Ottomotoren. In: *MTZ - Motortechnische Zeitschrift* Bd. 56/10. 1995, S. 632–638

[6] BARGENDE, M.: Berechnung und Analyse innermotorischer Vorgänge. Vorlesungsmanuskript, Lehrstuhl für Verbrennungsmotoren, Universität Stuttgart, 2001

[7] BARGENDE, M.: Grundlagen der Verbrennungsmotoren: 2. Auflage Wintersemester 2011/2012. Vorlesungsmanuskript, Lehrstuhl für Verbrennungsmotoren, Universität Stuttgart, 2011

[8] BARGENDE, M.: Berechnung und Analyse innermotorischer Vorgänge. Vorlesungsmanuskript, Lehrstuhl für Verbrennungsmotoren, Universität Stuttgart, 2012

[9] BERNER, H.-J ; CHIODI, M. ; BARGENDE, M.: Berücksichtigung der Kalorik des Kraftstoffes Erdgas in der Prozessrechnung. In: *9. Tagung „Der Arbeitsprozess des Verbrennungsmotors"*. Graz, 2003, S. 149–172

[10] BINDER, S. ; BOGACHIK, Y. ; FROMMELT, A. ; HELLSTROEM, K. ; KIRSCHBAUM, F. ; KLIER, M. ; MATASSINI, L. ; MLADEK, M. ; MOECKEL-LHERBIER, H. ; MUENKEL, G. ; PFAFF, R. ; SCHEIBLE, K. ;

SCHNABEL, M. ; SCHORR, J. ; WINDISCH, B. ; WOLF, M.: Method of controlling an internal combustion engine, in particular a diesel engine, US Patent 008032293B2, 2011

[11] BRAUNGARTEN, G. ; PATZE, U. ; TSCHÖKE, H.: Ölverdünnung bei Betrieb eines Pkw-Dieselmotors mit Mischkraftstoff B10. Abschlussbericht, Institut für Mobile Systeme - Lehrstuhl Kolbenmaschinen, Otto-von-Guericke-Universität Magdeburg, 2008

[12] BURCAT, A. ; GARDINER, W. C.: Ideal Gas Thermodynamic Data in Polynomial form for Combustion and Air Pollution Use. In: *Gas-Phase Combustion Chemistry*. 2000, S. 489–538

[13] CEBI, E.: In-Cylinder Pressure Based Real-Time Estimation of Engine-Out Particulate Matter Emissions of a Diesel Engine. In: *SAE Technical Paper 2011-01-1440*. 2011

[14] CHASE, Malcolm W.: Journal of physical and chemical reference data. Monograph. Bd. 9: *NIST-JANAF Thermochemical Tables*. 4. [Washington and D.C.] and Woodbury and N.Y : American Chemical Society and American Institute of Physics for the National Institute of Standards and Technology, 1998

[15] CREMERS, J.: Beginnings For Cylinder Pressure Based Control. Eindhoven, Eindhoven University of Technology, Dissertation, 2007

[16] DE JAEGHER, P.: Einfluss der Stoffeigenschaften der Verbrennungsgase auf die Motorprozessrechnung. Technische Universität Graz, Habilitation, 1984

[17] DEMTRÖDER, W.: Experimentalphysik 1: Mechanik und Wärme. Bd. 1. 3. Berlin [u.a.] : Springer-Verlag Berlin Heidelberg, 2004

[18] DOLT, R.: Indizierung in der Motorentwicklung: Messtechnik, Datenauswertung, Anwendung und Kombination mit optischen Messverfahren. Bd. 287. Landsberg/Lech : Verlag Moderne Industrie, 2006

[19] DORF, R. C. ; BISHOP, R. H.: Moderne Regelungssysteme. 10. München and Boston [u.a.] : Pearson Studium, 2005

[20] DUBITZKY, W. ; EISMANN, W. ; SCHINAGL, J.: Operation am offenen Herzen: Teil 2: Einsatzmöglichkeiten der Bypass-Methode für Entwicklung und Test von Steuergerätefunktionen. In: *Elektronik automotive 08*. 2008, S. 52–56

[21] EDELBERG, T.: Entwicklung von zylinderdruckbasierten Merkmalen zur Regelung eines Dieselmotors. Hochschule Esslingen, Diplomarbeit, 2008

[22] FICK, M.: Modellbasierter Entwurf virtueller Sensoren zur Regelung von PKW-Dieselmotoren, Universität Stuttgart, Dissertation, 2012

[23] GAMMA TECHNOLOGIES: GT-POWER Engine Simulation Software: Engine Performance Analysis Modeling. In: *Gamma Technologies Brochure*. 2014

[24] GARDINER, W. C. (Hrsg.): Gas-Phase Combustion Chemistry. New York and NY : Springer New York and Imprint and Springer, 2000

[25] GORDON, S. ; MCBRIDE, B.J ; ZELEZNIK F.J.: Computer Program for Calculation of Complex Chemical Equilibrium Compositions and Applications Supplement I - Transport Properties. In: *NASA Technical Memorandum 86885*. 1984

[26] GRILL, M.: Objektorientierte Prozessrechnung von Verbrennungsmotoren. Stuttgart, Universität Stuttgart, Dissertation, 2006

[27] HADLER, J. ; RUDOLPH, F. ; DORENKAMP, R. ; STEHR, H. ; HILZENDEGER, J. ; KRANZUSCH, S.: Der neue 2,0-l-TDI-Motor von Volkswagen für niedrigste Abgasgrenzwerte — Teil 1. In: *MTZ - Motortechnische Zeitschrift* Bd. 69/5. 2008, S. 386–395

[28] HADLER, J. ; RUDOLPH, F. ; DORENKAMP, R. ; STEHR, H. ; HILZENDEGER, J. ; KRANZUSCH, S.: Der neue 2,0-l-TDI-Motor von Volkswagen für niedrigste Abgasgrenzwerte - Teil 2. In: *MTZ - Motortechnische Zeitschrift* Bd. 69/6. 2008, S. 534–539

[29] HART, M.: Auswertung direkter Brennrauminformationen am Verbrennungsmotor mit estimationstheoretischen Methoden, Universität-Gesamthochschule Siegen, Dissertation, 1999

[30] HART, M. ; ZIEGLER, M.: Adaptive Estimation of Cylinder Air Mass Using the Combustion Pressure. In: *SAE Technical Paper 980791*. 1998

[31] HEIMLICH, F. ; MAASS, J. ; FRAMBOURG, M. ; RÖLLE, T. ; BEHNK, K.: Externe Nacheinspritzung zur Regeneration von Partikelfiltern. In: *MTZ - Motortechnische Zeitschrift* Bd. 65/5. 2004, S. 354–361

[32] HELD, N.: Einfluss des Drallniveaus auf die Gemischbildung bei einem Pkw-Diesel-Brennverfahren mit hoher Ladungsdichte und früher Verbrennungslage. Universität Stuttgart, Diplomarbeit, 2010

[33] HELD, N. ; BETZ, T. ; DUVINAGE, F. ; LÜCKERT, P.: Potential einer Zylinderdruck basierten Verbrennungsregelung für die Optimierung der Regeneration eines Dieselpartikelfilters. In: *15th Stuttgart International Symposium - Automotive and Engine Technology 2015 - Volume 2*. 2015, S. 645–662

[34] HEYWOOD, J. B.: Internal combustion engine fundamentals. New York : McGraw-Hill, 1988

[35] HOHENBERG, G.: Der Verbrennungsablauf - ein Weg zur Beurteilung des motorischen Prozesses. In: *4. Wiener Motorensymposium*. 1982, S. 71–88

[36] HOHENBERG, G.: Druckmessung und Druckauswertung zur Ermittlung der Energieumsetzung. FVV – Kolloquium Flammenfortschritt, 1983

[37] HOHENBERG, G.: Experimentelle Erfassung der Wandwärme von Kolbenmotoren. Technische Universität Graz, Habilitation, 1983

[38] IORIO, B. ; GIGLIO, V. ; POLICE, G.: Methods of Pressure Cycle Processing for Engine Control. In: *SAE Technical Paper 2003-01-0352*. 2003

[39] JESCHKE, J.: Konzeption und Erprobung eines zylinderdruckbasierten Motormanagements für Pkw-Dieselmotoren, Otto-von-Guericke-Universität Magdeburg, Dissertation, 2002

[40] JIPPA, K.-N.: Onlinefähige, thermodynamikbasierte Ansätze für die Auswertung von Zylinderdruckverläufen. Bd. 20. Renningen : Expert-Verlag, 2004

[41] JOOS, F.: Technische Verbrennung: Verbrennungstechnik, Verbrennungsmodellierung, Emissionen. 1. Berlin and Heidelberg : Springer-Verlag Berlin Heidelberg, 2007

[42] KAIADI, M. ; TUNESTAL, P. ; JOHANSSON, B.: Unburned Hydro Carbon (HC) Estimation Using a Self-Tuned Heat Release Method. In: *SAE Technical Paper 2010-01-2128*. 2010

[43] KAYA, E.: Untersuchungen zur Anwendung einer Verbrennungsregelung bei Sonderbrennverfahren am Dieselmotor. Hochschule Esslingen, Bachelorthesis, 2011

[44] KERÉKGYÁRTÓ, J.: Ermittlung des Einspritzverlaufs an Diesel-Injektoren, Otto-von-Guericke-Universität Magdeburg, Dissertation, 2009

[45] KLEIN, P.: Zylinderdruckbasierte Füllungserfassung für Verbrennungs-motoren, Universität Siegen, Dissertation, 2009

[46] KOHN, Wolfgang: Statistik: Datenanalyse und Wahrscheinlichkeitsrech-nung. Berlin and Heidelberg : Springer-Verlag Berlin Heidelberg, 2005

[47] KOŽUCH, P.: Ein phänomenologisches Modell zur kombinierten Stickoxid- und Rußberechnung bei direkteinspritzenden Dieselmotoren, Universität Stuttgart, Dissertation, 2004

[48] KRACKE, T. ; FENGLER, H.-P ; MÜLLER, P. ; BARSUN, N.: FI2RE – Ein Entwicklungssteuergerät für flexible Einspritzung und Zündung. In: *MTZ - Motortechnische Zeitschrift* Bd. 62/1. 2001, S. 36–40

[49] LARINK, J.: Zylinderdruckbasierte Auflade- und Abgasrückführrege-lung für PKW-Dieselmotoren, Otto-von-Guericke-Universität Magde-burg, Dissertation, 2005

[50] LEONHARDT, S. ; GAO, H. ; KECKMAN, V: Real time supervision of diesel engine injection with RBF-based neural networks. In: *IEEE 1995 vol.3.* 1995, S. 2128–2132

[51] LUNZE, J.: Regelungstechnik 1: Systemtheoretische Grundlagen, Ana-lyse und Entwurf einschleifiger Regelungen. Berlin and Heidelberg : Springer-Verlag Berlin Heidelberg, 2010

[52] MANENTE, V. ; VRESSNER, A. ; TUNESTAL, P. ; JOHANSSON, B.: Vali-dation of a Self Tuning Gross Heat Release Algorithm. In: *SAE Technical Paper 2008-01-1672.* 2008

[53] MATEKUNAS, F.: Engine Combustion Control with Ignition Timing By Pressure Ratio Management. In: *United States Patent 11/1986 Patent Number 4622939.* 1986

[54] MCBRIDE, Bonnie J. ; GORDON, Sanford ; RENO, Martin A.: Coeffi-cients for Calculating Thermodynamic and Transport Properties of Indi-vidual Species. In: *NASA Technical Memorandum 4513.* 1993

[55] MERKER, Günter P. (Hrsg.): Grundlagen Verbrennungsmotoren: Simu-lation der Gemischbildung, Verbrennung Schadstoffbildung und Aufla-dung ; mit 31 Tabellen. 4. Wiesbaden : Vieweg + Teubner, 2009

[56] MLADEK, M.: Cylinder Pressure for Control Purposes of Spark Ignition Engines, ETH Zürich, Dissertation, 2002

[57] MOLLENHAUER, Klaus (Hrsg.): Handbuch Dieselmotoren. 3. Berlin and Heidelberg : Springer-Verlag Berlin Heidelberg, 2007

[58] PFAFF, R. ; BOGACHIK, Y. ; MAYER, W. ; LIEBSCHER, T. ; DREYMÜLLER, S. ; BINDER, S. ; SCHMID, O ; FROMMELT, A. ; STEUER, J. ; ELDH, J ; DENGLER, C. ; PRILOP, H ; MLADEK, M.: Method For Operating An Internal Combustion Engine, US Patent 20120303242A1. 2012

[59] PISCHINGER, R. (Hrsg.) ; KLELL, M. (Hrsg.) ; SAMS, T. (Hrsg.): Thermodynamik der Verbrennungskraftmaschine. 3. Wien : Springer-Verlag Wien, 2009

[60] POULOS, S. ; HEYWOOD, John B.: The Effect of Chamber Geometry on Spark-Ignition Engine Combustion. In: _SAE Technical Paper 830334_. 1983

[61] PREDELLI, O. ; KRACKE, T. ; SCHMIDT, W. ; MEYER, S.: FI2RE Neues Steuermodul für Piezoinjektoren. In: _MTZ - Motortechnische Zeitschrift_ Bd. 65/1. 2004, S. 36–42

[62] RASSWEILER, G.M ; WITHROW, L.: Motion Pictures of Engine Flames Correlated with Pressure Cards. In: _SAE Technical Paper 380139_. 1938, S. 185–204

[63] SCHAUB, J. ; PISCHINGER, S. ; SCHNORBUS, T. ; SEVERIN, C. ; KOLBECK, A. ; KÖRFER, T.: Modellbasiertes Einspritzmanagement zur Regeneration eines Dieselpartikelfilters. In: _12th Stuttgart International Symposium - Automotive and Engine Technology_. 2012, S. 359–374

[64] SCHMIDT, D.: Motorische Verbrennung und Abgase - Engine Combustion and Emissions. Vorlesungsmanuskript, Lehrstuhl für Verbrennungsmotoren, Universität Stuttgart, 2013

[65] SCHNORBUS, T. ; LAMPING, M. ; KÖRFER, T. ; PISCHINGER, S.: Weltweit unterschiedliche Kraftstoffqualitäten - Neue Anforderungen an die Verbrennungsregelung beim modernen Dieselmotor. In: _MTZ - Motortechnische Zeitschrift_ Bd. 69/4. 2008, S. 302–312

[66] STEUER, J. ; MLADEK, M. ; DENGLER, C. ; MAYER, W. ; KRACKE, T. ; JAKUBEK, P. ; BRUNE, A. ; RICK, R.: Flexibles Motorsteuerungssystem für die Entwicklung innovativer Brennverfahren. In: _ATZelektronik_ Bd. 4/5. 2009, S. 36–41

[67] STÖLTING, E. ; SEEBODE, J. ; GRATZKE, R. ; BEHNK, K.: Emissions-geführtes Motormanagement für Nutzfahrzeuganwendungen. In: *MTZ - Motortechnische Zeitschrift* Bd. 69/12. 2008, S. 1042–1049

[68] STREHLAU, W.: "Katalysatorentechnik" - Dieseloxidationskatalysatoren. Interner Bericht Johnson Matthey, 2013

[69] TERRES, F. ; MICHELIN, J. ; WELTENS, H.: Partikelfilter für Diesel-Pkw Beladungs- und Regenerationsverhalten. In: *MTZ - Motortechnische Zeitschrift* Bd. 63/7. 2002, S. 568–577

[70] TUNESTAL, P.: Self-tuning gross heat release computation for internal combustion engines. In: *Control Engineering Practice 17.* 2009, S. 518–524

[71] VEREIN DEUTSCHER INGENIEURE, VDI-Gesellschaft Verfahrenstech-nik und Chemieingenieurwesen (. (Hrsg.): VDI-Wärmeatlas: 11., bear-beitete und erweiterte Auflage. Berlin and Heidelberg : Springer Vieweg, 2013

[72] VOGELMANN: Das Zeitverhalten der bei EMZ gebräuchlichen NiCr-Ni Mantelthermoelemente bei höheren Gasgeschwindigkeiten. Interner Be-richt der Daimler AG, 1981

[73] VÖTTERL, K.: Untersuchungen der Auswirkungen des Splittings der Nacheinspritzungen auf die Ölverdünnung am OM651 Dieselmotor im Regenerationsbrennverfahren. Universität Karlsruhe, Bachelorthesis, 2012

[74] WARTHA, J. ; WESTIN, F. ; LEU, A. ; MARCO, M. d.: 2,0-L-Biturbo-Dieselmotor Von Opel. In: *MTZ - Motortechnische Zeitschrift* Bd. 73/7. 2012, S. 574–579

[75] WOSCHNI, G.: Beitrag zum Problem des Wärmeüberganges im Ver-brennungsmotor. In: *MTZ - Motortechnische Zeitschrift* Bd. 26/4. 1965, S. 128–133

[76] WOSCHNI, G.: Berechnung der Wandverluste und der thermischen Belastung von Dieselmotoren. In: *MTZ - Motortechnische Zeitschrift* Bd. 31/12. 1970, S. 491–499

[77] ZACHARIAS, F.: Analytische Darstellung der thermodynamischen Eigen-schaften von Verbrennungsgasen, Technische Universität Berlin, Disser-tation, 1966

[78] ZACHARIAS, F.: Mollier-I,S-Diagramme für Verbrennungsgase in der Datenverarbeitung. In: *MTZ - Motortechnische Zeitschrift* Bd. 31/7. 1970, S. 296–303

[79] ZIMMERER, A.: Beitrag zur Entwicklung einer zylinderdruckbasoierten Regelung für das DPF-Regenerationsbrennverfahren bei direkteinspritzenden Pkw-Dieselmotoren. Bachelorthesis, Hochschule Mannheim, 2013

Anhang

A.1 Parameter Turbulenzmodell

Tabelle A.1: $k - \varepsilon$ Turbulenzmodellparameter nach [22]

$C_{Quetsch}$	C_{Drall}	C_{Diss}	C_k
2,184	0,025	2,75	0,0167

A.2 Zusammensetzung trockener Luft

Tabelle A.2: Konzentrationen der Bestandteile trockener Luft nach Burcat [12]

	$X_{i,L}$
N_2	78,084
O_2	20,9476
Ar	0,9365
CO_2	0,0319

A.3 Thermodynamische Daten

Tabelle A.3: Polynomkoeffizienten zur Berechnung der thermodynamischen Eigenschaften im Temperaturbereich: $200 \leq T \leq 1000$ [K] nach [12]

Temperaturbereich: $200 \leq T \leq 1000$ [K]

	a_1	a_2	a_3	a_4
Ar	2,50000000E+00	0,00000000E+00	0,00000000E+00	0,00000000E+00
C	−3,03744539E−01	4,36362227E−03	1,98268825E−06	−6,43472598E−09
CO	0,35795335E+01	−0,61035369E−03	0,10168143E−05	0,90700586E−09
CO_2	0,23568130E+01	0,89841299E−02	−0,71220632E−05	0,24573008E−08
H	0,25000000E+01	0,00000000E+00	0,00000000E+00	0,00000000E+00
H_2	2,34433112E+00	7,98052075E−03	−1,94781510E−05	2,01572094E−08
H_2O	0,41986352E+01	−0,20364017E−02	0,65203416E−05	−0,54879269E−08
N	0,25000000E+01	0,00000000E+00	0,00000000E+00	0,00000000E+00
NO	4,21859896E+00	−4,63988124E−03	1,10443049E−05	−9,34055507E−09
N_2	3,53100528E+00	−1,23660988E−04	−5,02999433E−07	2,43530612E−09
O	3,16826710E+00	−3,27931884E−03	6,64306396E−06	−6,12806624E−09
OH	3,99198424E+00	−2,40106655E−03	4,61664033E−06	−3,87916306E−09
O_2	3,78245636E+00	−2,99673416E−03	9,84730201E−06	−9,68129509E−09

	a_5	a_6	a_7
Ar	0,00000000E+00	−7,45375000E+02	4,37967491E+00
C	2,99601320E−12	−1,09458288E+02	1,08301475E+01
CO	−0,90442449E−12	−0,14344086E+05	0,35084093E+01
CO_2	−0,14288548E−12	−0,48371971E+05	0,99009035E+01
H	0,00000000E+00	0,25473660E+05	−0,44668285E+00
H_2	−7,37611761E−12	−9,17935173E+02	6,83010238E−01
H_2O	0,17719680E−11	−0,30293726E+05	−0,84900901E+00
N	0,00000000E+00	0,56104638E+05	0,41939088E+01
NO	2,80554874E−12	9,84509964E+03	2,28061001E+00
N_2	−1,40881235E−12	−1,04697628E+03	2,96747038E+00
O	2,11265971E−12	2,91222592E+04	2,05193346E+00
OH	1,36319502E−12	3,36889836E+03	−1,03998477E−01
O_2	3,24372837E−12	−1,06394356E+03	3,65767573E+00

Tabelle A.4: Polynomkoeffizienten zur Berechnung der thermodynamischen Eigenschaften im Temperaturbereich: $1000 \leq T \leq 6000$ [K] nach [12]

Temperaturbereich: $1000 \leq T \leq 6000$ [K]

	a_1	a_2	a_3	a_4
Ar	2,50000000E+00	0,00000000E+00	0,00000000E+00	0,00000000E+00
C	1,59828070E+00	1,43065097E-03	-5,09435105E-07	8,64401302E-11
CO	0,30484859E+01	0,13517281E-02	-0,48579405E-06	0,78853644E-10
CO_2	0,46365111E+01	0,27414569E-02	-0,99589759E-06	0,16038666E-09
H	0,25000000E+01	0,00000000E+00	0,00000000E+00	0,00000000E+00
H_2	2,93286575E+00	8,26608026E-04	-1,46402364E-07	1,54100414E-11
H_2O	0,26770389E+01	0,29731816E-02	-0,77376889E-06	0,94433514E-10
N	0,24159429E+01	0,17489065E-03	-0,11902369E-06	0,30226244E-10
NO	3,26071234E+00	1,19101135E-03	-4,29122646E-07	6,94481463E-11
N_2	2,95257637E+00	1,39690040E-03	-4,92631603E-07	7,86010195E-11
O	2,54363697E+00	-2,73162486E-05	-4,19029520E-09	4,95481845E-12
OH	2,83853033E+00	1,10741289E-03	-2,94000209E-07	4,20698729E-11
O_2	3,66096065E+00	6,56365811E-04	-1,41149627E-07	2,05797935E-11

	a_5	a_6	a_7
Ar	0,00000000E+00	-7,45375000E+02	4,37967491E+00
C	-5,34349530E-15	-7,45940284E+02	-9,30332005E+00
CO	-0,46980746E-14	-0,14266117E+05	0,60170977E+01
CO_2	-0,91619857E-14	-0,49024904E+05	-0,19348955E+01
H	0,00000000E+00	0,25473660E+05	-0,44668285E+00
H_2	-6,88804800E-16	-8,13065581E+02	-1,02432865E+00
H_2O	-0,42689991E-14	-0,29885894E+05	0,68825500E+01
N	-0,20360983E-14	0,56133775E+05	0,46496095E+01
NO	-4,03295681E-15	9,92143132E+03	6,36900518E+00
N_2	-4,60755204E-15	-9,23948688E+02	5,87188762E+00
O	-4,79553694E-16	2,92260120E+04	4,92229457E+00
OH	-2,42289890E-15	3,69780808E+03	5,84494652E+00
O_2	-1,29913436E-15	-1,21597718E+03	3,41536279E+00

A.4 Lösungsverfahren zur Berechnung der Gleichgewichtszusammensetzung

Die Gleichgewichtszusammensetzung des Rauchgases wird mit dem Lösungsverfahren nach Grill [26] ermittelt. Als Startwerte für das iterative Lösungsverfahren werden als Schätzwert für den Nenner aus Gleichung 3.94

$$N'_{N,Start} = 0,7 \cdot p \qquad\qquad \text{Gl. A.1}$$

und für den Partialdruck der Luft

$$p'_{O_2,Start} = 60,025 \quad [N/m^2] \qquad\qquad \text{Gl. A.2}$$

angenommen. Aus Gleichung 3.96 mit Gleichung 3.102 und Gleichung 3.94 mit Gleichung 3.100 lassen sich die Partialdrücke

$$\sqrt{p_{H_2}} = \frac{\sqrt{\left(K_{p,3} \cdot \sqrt{p'_{O_2}} + K_{p,4}\right)^2 + 8 \cdot \left(1 + K_{p,2} \cdot \sqrt{p'_{O_2}}\right) \cdot \frac{N_H}{N_O} \cdot N'_O}}{4 \cdot \left(1 + K_{p,2} \cdot \sqrt{p'_{O_2}}\right)}$$
$$- \frac{K_{p,3} \cdot \sqrt{p'_{O_2}} + K_{p,4}}{4 \cdot \left(1 + K_{p,2} \cdot \sqrt{p'_{O_2}}\right)} \qquad\qquad \text{Gl. A.3}$$

und

$$\sqrt{p_{N_2}} = \sqrt{\frac{1}{16} \cdot \left(K_{p,6} + K_{p,7} \cdot \sqrt{p'_{O_2}}\right)^2 + \frac{1}{2} \cdot \frac{N_N}{N_O} \cdot N'_O}$$
$$- \frac{1}{4} \cdot \left(K_{p,6} + K_{p,7} \cdot \sqrt{p'_{O_2}}\right) \qquad\qquad \text{Gl. A.4}$$

bestimmen. Gleichung 3.86 und Gleichung 3.101 eingesetzt in Gleichung 3.95 ergibt:

$$\frac{N_C}{N_O} = \frac{\frac{1}{K_{p,1}} \cdot p_{CO} \cdot \sqrt{p'_{O_2}} + p_{CO}}{N'_O} \qquad\qquad \text{Gl. A.5}$$

Aus der Atomzahl der O-Atome mit Gleichung A.5 nach p_{CO} aufgelöst kann N_O'' berechnet werden:

$$N_O'' = \frac{N_C}{N_O} \cdot N_O' \cdot \frac{2 \cdot \frac{\sqrt{p_{O_2}'}}{K_{p,1}} + 1}{\frac{\sqrt{p_{O_2}'}}{K_{p,1}} + 1} + 2 \cdot p_{O_2}' + K_{p,2} \cdot p_{H_2} \cdot \sqrt{p_{O_2}'}$$

$$+ K_{p,3} \cdot \sqrt{p_{O_2}'} \cdot \sqrt{p_{H_2}} + K_{p,5} \cdot \sqrt{p_{O_2}'} + K_{p,7} \sqrt{p_{N_2}} \cdot \sqrt{p_{O_2}'} \qquad \text{Gl. A.6}$$

Der Sauerstoffpartialdruck p_{O_2}' wird nun variiert, bis

$$\left| N_O'' - N_O' \right| \leq 10^{-6} \qquad \text{Gl. A.7}$$

erfüllt ist. Im Anschluss daran wird der Fehler

$$\varepsilon = p - \sum_i p_i \qquad \text{Gl. A.8}$$

bestimmt und mit

$$N_{O,neu}' = N_O' + \frac{\varepsilon}{3} \qquad \text{Gl. A.9}$$

in die $\sqrt{p_{O_2}'}$-Iteration zurückgekehrt. Dieser Vorgang wird solange wiederholt, bis

$$|\varepsilon| \leq 5 \cdot 10^{-5} \qquad \text{Gl. A.10}$$

erfüllt ist.

A.5 Molmassen der betrachteten Elemente und Spezies

Tabelle A.5: Molmassen M_i der betrachteten Spezies i nach Burcat [12]

	$M\ [g/mol]$
CO	28,0101
CO_2	44,0095
H_2	2,01588
H_2O	18,01528
NO	30,00614
N_2	28,01348
OH	17,00734
O_2	31,9988

Tabelle A.6: Molmassen M_j der betrachteten Elemente j nach Burcat [12]

	$M\ [g/mol]$
Ar	39,94800
C	12,01070
H	1,00794
N	14,00674
O	15,99940

A.6 Standardbildungsenthalpien

Tabelle A.7: Molare Standardbildungsenthalpien $\Delta_f H_{298}^{\circ}$ nach Burcat [12]

	$\Delta_f H_{298}^{\circ}$ $[kJ/mol]$
CO	-110,53
CO_2	-393,51
H	217,998
H_2	0,0
H_2O	-241,822
N	472,44
NO	91,089
N_2	0,0
O	249,229
OH	37,3
O_2	0,0

A.7 Transporteigenschaften

Wärmeleitfähigkeit

Tabelle A.8: Polynomkoeffizienten zur Berechnung der Wärmeleitfähigkeit λ_c im Temperaturbereich: $300 \leq T \leq 1000$ [K] nach McBride et al. [54]

Temperaturbereich: $300 \leq T \leq 1000$ [K]

	A	B	C	D
Ar	0,56758528E+00	−0,10015251E+03	0,25736598E+04	0,22537407E+01
C	0,75958919E+00	0,11690326E+02	−0,52227847E+03	0,14214785E+01
CO	0,83001480E+00	0,59139032E+02	−0,98639405E+04	0,70962875E+00
CO₂	0,53726173E+00	−0,49928331E+03	0,37397504E+05	0,32903619E+01
H	0,58190587E+00	0,46941424E+02	−0,68759582E+04	0,43477961E+01
H₂	0,93724945E+00	0,19013311E+03	−0,19701961E+05	0,17545108E+01
H₂O	0,15541443E+01	0,66106305E+02	0,55969886E+04	−0,39259598E+01
N	0,78466590E+00	0,15060468E+02	−0,25374756E+04	0,14747985E+01
NO	0,95581984E+00	0,12705354E+03	−0,14468456E+05	−0,15581681E+00
N₂	0,94306384E+00	0,12279898E+03	−0,11839435E+05	−0,10668773E+00
O	0,73824503E+00	0,11221345E+02	0,31668244E+04	0,17085307E+01
OH	0,10657500E+01	0,45300526E+02	−0,37257802E+04	−0,49894757E+00
O₂	0,81595343E+00	−0,34366856E+02	0,22785080E+04	0,10050999E+01

Tabelle A.9: Polynomkoeffizienten zur Berechnung der Wärmeleitfähigkeit λ_c im Temperaturbereich: $1000 \leq T \leq 5000$ [K] nach McBride et al. [54]

Temperaturbereich: $1000 \leq T \leq 5000$ [K]

	A	B	C	D
Ar	0,64275516E+00	0,14112909E+02	−0,20639082E+05	0,16440096E+01
C	0,78674028E+00	0,11079284E+03	−0,42032506E+05	0,11763579E+01
CO	0,65030086E+00	−0,15100725E+03	−0,16723855E+05	0,21699139E+01
CO₂	0,66068182E+00	−0,12741845E+03	−0,81580328E+05	0,21817907E+01
H	0,51631898E+00	−0,14613202E+04	0,71446141E+06	0,55877786E+01
H₂	0,74368397E+00	−0,54941898E+03	0,25676376E+06	0,35553997E+01
H₂O	0,79349503E+00	−0,13340063E+04	0,37884327E+06	0,23591474E+01
N	0,80487742E+00	0,95211647E+02	−0,36759153E+05	0,12886322E+01
NO	0,65454142E+00	−0,10184116E+03	−0,30492856E+05	0,21672442E+01
N₂	0,65147781E+00	−0,15059801E+03	−0,13746760E+05	0,21801632E+01
O	0,79819261E+00	0,17970493E+03	−0,52900889E+05	0,11797640E+01
OH	0,58415552E+00	−0,87533541E+03	0,20830503E+06	0,35371017E+01
O₂	0,80805788E+00	0,11982181E+03	−0,47335931E+05	0,95189193E+00

Dynamische Viskosität

Tabelle A.10: Polynomkoeffizienten zur Berechnung der dynamischen Viskosität η_v im Temperaturbereich: $300 \leq T \leq 1000$ [K] nach McBride et al. [54]

Temperaturbereich: $300 \leq T \leq 1000$ [K]

	A	B	C	D
Ar	0,57067551E+00	−0,95117331E+02	0,20896403E+04	0,24718808E+01
C	0,75778612E+00	0,10029848E+02	−0,34350072E+03	0,48138451E+00
CO	0,60443938E+00	−0,43632704E+02	−0,88441949E+03	0,18972150E+01
CO_2	0,54330318E+00	−0,18823898E+03	0,88726567E+04	0,24499362E+01
H	0,58190587E+00	0,46941424E+02	−0,68759582E+04	0,91591909E+01
H_2	0,68887644E+00	0,48727168E+01	−0,59565053E+03	0,55569577E+01
H_2O	0,78387780E+00	−0,38260408E+03	0,49040158E+05	0,85222785E+00
N	0,78466590E+00	0,15060468E+02	−0,25374756E+04	0,67458825E+00
NO	0,59536071E+00	−0,57867416E+02	−0,38658607E+03	0,20594392E+01
N_2	0,60443938E+00	−0,43632704E+02	−0,88441949E+03	0,18972150E+01
O	0,73101989E+00	0,60468346E+01	0,35630372E+04	0,10955772E+01
OH	0,78530133E+00	−0,16524903E+03	0,12621544E+05	0,69788972E+00
O_2	0,61936357E+00	−0,44608607E+02	−0,13460714E+04	0,19597562E+01

Tabelle A.11: Polynomkoeffizienten zur Berechnung der dynamischen Viskosität η_v im Temperaturbereich: $1000 \leq T \leq 5000$ [K] nach McBride et al. [54]

Temperaturbereich: $1000 \leq T \leq 5000$ [K]

	A	B	C	D
Ar	0,65601183E+00	0,51780497E+02	−0,33046713E+05	0,17711406E+01
C	0,78673253E+00	0,11075074E+03	−0,42007548E+05	0,22250861E+00
CO	0,65060585E+00	0,28517449E+02	−0,16690236E+05	0,15223271E+01
CO_2	0,65318879E+00	0,51738759E+02	−0,62834882E+05	0,15227045E+01
H	0,51631898E+00	−0,14613202E+04	0,71446141E+06	0,21559015E+01
H_2	0,70504381E+00	0,36287686E+02	−0,72255550E+04	0,41921607E+01
H_2O	0,50714993E+00	−0,68966913E+03	0,87454750E+05	0,30285155E+01
N	0,80487742E+00	0,95211647E+02	−0,36759153E+05	0,48842200E+00
NO	0,65096667E+00	0,19493763E+02	−0,13229282E+05	0,16106960E+01
N_2	0,65060585E+00	0,28517449E+02	−0,16690236E+05	0,15223271E+01
O	0,79832550E+00	0,18039626E+03	−0,53243244E+05	0,51131026E+00
OH	0,58936635E+00	−0,36223418E+03	0,23355306E+05	0,22363455E+01
O_2	0,63839563E+00	−0,12344438E+01	−0,22885810E+05	0,18056937E+01

A.8 Dreifach Seiligerprozess

Kreisprozessrechnung

Für die Kreisprozessrechnung werden folgende vereinfachte Annahmen getroffen:

- Sowohl die Verbrennung als auch der Ladungswechsel werden als eine reine Wärmezu- bzw. -abfuhr (Q_{zu} bzw. Q_{ab}) betrachtet.

- Die Änderung der Zylindermasse infolge von Leckage und Kraftstoffeinspritzung in den Brennraum wird vernachlässigt ($dm = 0$).

- Die kalorischen Stoffgrößen werden über den kompletten Kreisprozess als konstant betrachtet (c_p, $c_v = const.$).

- Die Änderung der Gaszusammensetzung infolge der Kraftstoffeinspritzung und -verdampfung sowie der Verbrennung wird vernachlässigt ($dY_i = 0$).

Die Berechnung erfolgt mit Hilfe des *1. Hauptsatz der Thermodynamik* und der *thermischen Zustandsgleichung*.

1. Hauptsatz der Thermodynamik

Bei einem Kreiprozess ist die Summer aller zu- und abgeführten Energien gleich Null.

$$\oint dQ + \oint dW = 0 \qquad \text{Gl. A.11}$$

Eine Zustandsänderung von i nach $i+1$ lässt sich mit:

$$\int_i^{i+1} dQ + \int_i^{i+1} dW = \int_i^{i+1} dU \qquad \text{Gl. A.12}$$

unter Berücksichtigung der Änderung der inneren Energie dU und der Volumenänderungsarbeit berechnen:

$$dU = m \cdot c_v \cdot dT \qquad \text{Gl. A.13}$$

$$\int_i^{i+1} dW = - \int_i^{i+1} p dV \qquad \text{Gl. A.14}$$

Thermische Zustandsgleichung

Die *thermische Zustandgleichung* beschriebt den Zusammenhang zwischen Brennraumdruck p_Z, aktuellem Brennraumvolumen V_Z, Brennraummasse m_Z, individueller Gaskonstante R und der Brennraumtemperatur T_Z.

$$p \cdot V = m \cdot R \cdot T \qquad \text{Gl. A.15}$$

Thermodynamische Berechnung der 11 Zustandsänderungen des dreifachen Seiligerprozesses

Adiabate Zustandsänderung von $i \rightarrow i+1$:

$$Q = 0 \qquad \text{Gl. A.16}$$

$$\int\limits_{i}^{i+1} dQ + \int\limits_{i}^{i+1} dW = \int\limits_{i}^{i+1} dU \qquad \text{Gl. A.17}$$

$$0 - \int\limits_{i}^{i+1} pdV = m \cdot c_v \int\limits_{i}^{i+1} dT \qquad \text{Gl. A.18}$$

$$-m \cdot R \cdot \int\limits_{i}^{i+1} \frac{T}{V} \cdot dV = m \cdot c_v \int\limits_{i}^{i+1} dT \qquad \text{Gl. A.19}$$

$$-\int\limits_{i}^{i+1} \frac{dV}{V} = \frac{c_v}{R} \cdot \int\limits_{i}^{i+1} \frac{dT}{T} \qquad \text{Gl. A.20}$$

$$ln\left(\frac{V_i}{V_{i+1}}\right) = \frac{c_v}{R} \cdot ln\left(\frac{T_{i+1}}{T_i}\right) = \frac{1}{\kappa - 1} \cdot ln\left(\frac{T_{i+1}}{T_i}\right) \qquad \text{Gl. A.21}$$

$$\frac{T_{i+1}}{T_i} = \left(\frac{V_i}{V_{i+1}}\right)^{\kappa - 1} \qquad \text{Gl. A.22}$$

$$\frac{p_{i+1}}{p_i} = \left(\frac{V_i}{V_{i+1}}\right)^{\kappa} \qquad \text{Gl. A.23}$$

Isochore Zustandsänderung mit Wärmezu- oder -abfuhr von $i \to i+1$:

$$V_i = V_{i+1} \qquad \text{Gl. A.24}$$

$$\frac{m \cdot R \cdot T_i}{p_i} = V_i = V_{i+1} = \frac{m \cdot R \cdot T_{i+1}}{p_{i+1}} \qquad \text{Gl. A.25}$$

$$\frac{T_i}{p_i} = \frac{T_{i+1}}{p_{i+1}} \qquad \text{Gl. A.26}$$

$$Q_{i \to i+1} - \underbrace{\int_i^{i+1} p \cdot dV}_{=0} = \int_i^{i+1} m \cdot c_v \cdot dT \qquad \text{Gl. A.27}$$

$$Q_{i \to i+1} = m \cdot c_v \cdot (T_{i+1} - T_i) \qquad \text{Gl. A.28}$$

Isobare Zustandsänderung mit Wärmezufuhr von $i \to i^*$:

$$p_i = p_{i^*} \qquad \text{Gl. A.29}$$

$$\frac{m \cdot R \cdot T_i}{V_i} = p_i = p_{i^*} = \frac{m \cdot R \cdot T_{i^*}}{V_{i^*}} \qquad \text{Gl. A.30}$$

$$\frac{T_i}{V_i} = \frac{T_{i^*}}{V_{i^*}} \qquad \text{Gl. A.31}$$

$$Q_{i \to i^*} - \int_i^{i^*} p \cdot dV = \int_i^{i^*} m \cdot c_v \cdot dT \qquad \text{Gl. A.32}$$

$$Q_{i \to i^*} - p_{i,i^*} \cdot \int_i^{i^*} dV = m \cdot c_v \cdot \int_i^{i^*} dT \qquad \text{Gl. A.33}$$

$$Q_{i \to i^*} = p_{i,i^*} \cdot (V_{i^*} - V_i) + m \cdot c_v \cdot (T_{i^*} - T_i) \qquad \text{Gl. A.34}$$

$$Q_{i \to i^*} = m \cdot R \cdot (T_{i^*} - T_i) + m \cdot c_v \cdot (T_{i^*} - T_i) \qquad \text{Gl. A.35}$$

$$Q_{i \to i^*} = m \cdot c_p \cdot (T_{i^*} - T_i) \qquad \text{Gl. A.36}$$

Thermischer Wirkungsgrad

Der *thermische Wirkungsgrad* beschreibt das Verhältnis aus verrichteter Arbeit zu zugeführter Energie in Form von Wärme.

$$\eta_{th} = \frac{W}{Q_{zu}} = \frac{Q_{zu} - Q_{ab}}{Q_{zu}} = 1 - \frac{Q_{ab}}{Q_{zu}} \qquad \text{Gl. A.37}$$

Parameter des dreifach Seiligerprozesses

Tabelle A.12: Parameter des approximierten dreifach Seiligerprozesses

	Q_v [J]	Q_p [J]	φ_{Inj} [$^\circ KW$]
Q_{PI}	25	30	0
Q_{MI}	70	505	9
$Q_{Po/1}$	250	309	60

Tabelle A.13: Parameter der Mengenvariation der dreifach Seiligerprozessrechnung

Variation		1	2	3	4	5	6
φ_{Pilot}	[$^\circ KW$]	0	0	0	0	0	0
$Q_{PI,v}$	[J]	25	25	25	25	25	25
$Q_{PI,p}$	[J]	30	30	30	30	30	30
φ_{MI}	[$^\circ KW$]	9	9	9	9	9	9
$Q_{MI,v}$	[J]	70	77	84	92	100	110
$Q_{MI,p}$	[J]	505	554	605	656	708	760
$\varphi_{Po/1}$	[$^\circ KW$]	60	60	60	60	60	60
$Q_{Po/1,v}$	[J]	250	200	150	100	50	0
$Q_{Po/1,p}$	[J]	309	247	185	123	62	0

Tabelle A.14: Parameter der Lagevariation der dreifach Seiligerprozessrechnung

Variation		1	2	3	4	5	6	7	8
φ_{PI}	$[°KW]$	0	0	0	0	0	0	0	0
$Q_{PI,v}$	$[J]$	25	25	25	25	25	25	25	25
$Q_{PI,p}$	$[J]$	30	30	30	30	30	30	30	30
φ_{MI}	$[°KW]$	9	9	9	9	9	9	9	9
$Q_{MI,v}$	$[J]$	70	70	70	70	70	70	70	70
$Q_{MI,p}$	$[J]$	505	505	505	505	505	505	505	505
φ_{PoI1}	$[°KW]$	30	40	50	60	70	80	90	100
$Q_{PoI1,v}$	$[J]$	250	250	250	250	250	250	250	250
$Q_{PoI1,p}$	$[J]$	309	309	309	309	309	309	309	309

A.9 Technische Daten des Versuchsaggregates

Tabelle A.15: Technische Daten des Versuchsaggregates

Versuchsaggregat		
Motorbezeichnung		Mercedes-Benz OM651eco
Hubraum	$[cm^3]$	2143
Bauart		R4
Ventile pro Zylinder		2EV, 2AV
Hub	[mm]	99
Bohrung	[mm]	83
Verdichtungsverhältnis		16,2/1
Pleuellänge	[mm]	143,55
Nennleistung	[kW]	125
bei	$[min^{-1}]$	4000
max. Drehmoment	[Nm]	350
bei	$[min^{-1}]$	1400-3400
max. Einspritzdruck	[bar]	2000

A.10 Technische Daten der FI^{2RE} TRA-Karte

Tabelle A.16: Technische Daten des TRA-Karte

		TRA-Karte
Mess- und Rechenraster		kurbelwinkel- und zeitbasiert
KW-Auflösung	[°KW]	0,1 /0,2 /0,5 /1 /2
Drehzahlbereich	[min^{-1}]	1000−7000
AD-Wandler-Auflösung	Bit	16
Wandlungszeit	[μs]	2 (500 kSamples) pro Kanal
Antialiasing-Filter		Bessel, 8. Ordnung

A.11 Kurbelwinkellage Hauptverbrennungsende

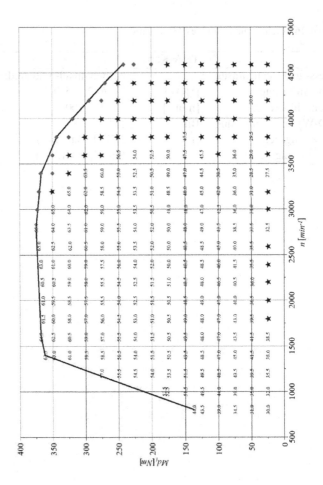

Abbildung A.1: Hauptverbrennungsende mittels Nulldurchgangkriterium

A.12 Differenz zwischen Nulldurchgangskriterium und hydraulischem Ansteuerbeginn

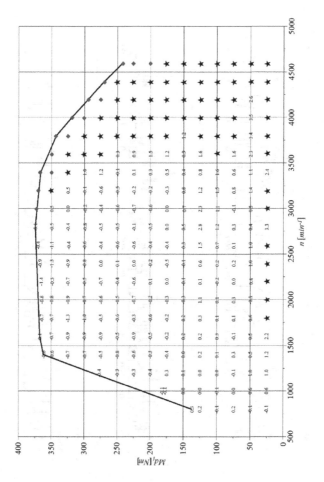

Abbildung A.2: Differenz zwischen Nulldurchgangskriterium und hydraulischem Ansteuerbeginn

A.13 Erprobung der Verbrennungslage- und Verbrennungsformregelung

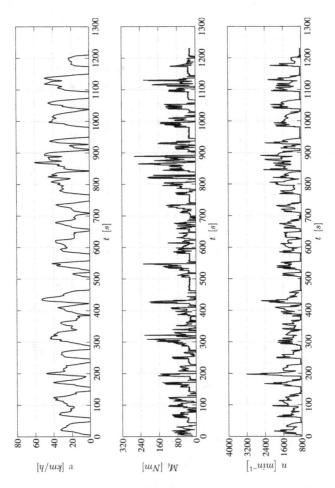

Abbildung A.3: Geschwindigkeitsprfil und gemessener Momenten- und Drehzahlverlauf des Paris-Zyklus

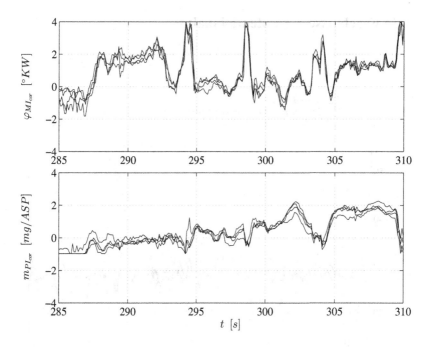

Abbildung A.4: Regeleingriffe im Paris-Zyklus

A.14 Ergebnisse der Potentialanalyse

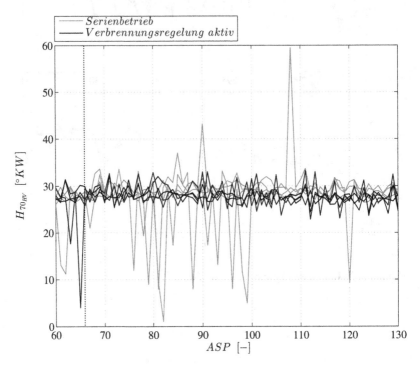

Abbildung A.5: $H70_{HV}$-Lagen bei einer Lastrampe ($n = 2000\ min^{-1}$;
$Schub \rightarrow p_{mi} = 6,0\ bar$)

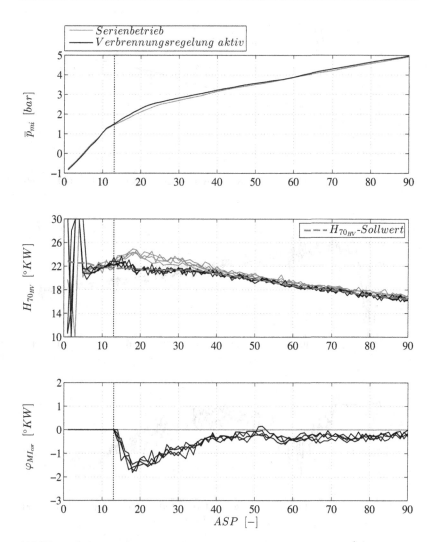

Abbildung A.6: Betriebsvergleich bei einer Lastrampe ($n = 1000\ min^{-1}$; *Schub* $\rightarrow p_{mi} = 5,0\ bar$)

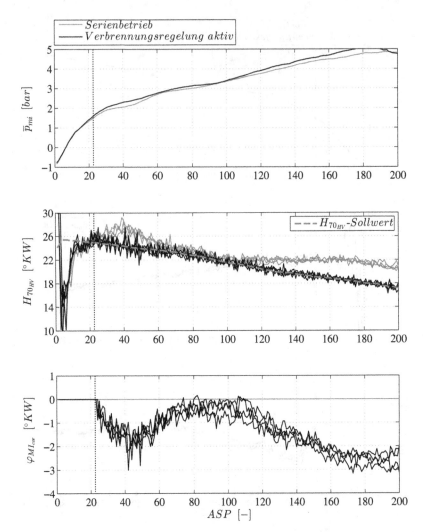

Abbildung A.7: Betriebsvergleich bei einer Lastrampe ($n = 1400\ min^{-1}$; $Schub \to p_{mi} = 5,0\ bar$)

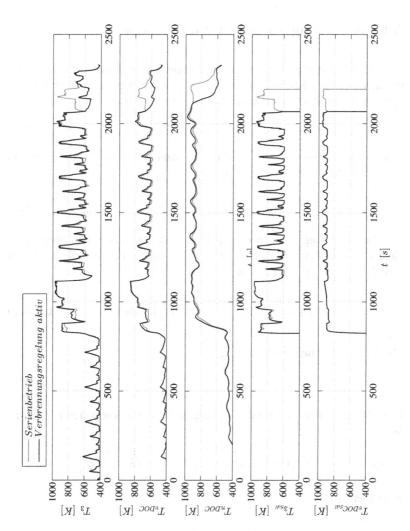

Abbildung A.8: Abgastemperaturen und deren Sollwerte in der DPF-Regeneration im doppel NEFZ

A.15 Berechnung des Brennraumvolumens

Das auf den aktuellen Kurbelwinkel φ bezogene Brennraumvolumen $V_Z(\varphi)$ ist die Summe aus Kompressionsvolumen V_c und dem infolge der Translation s_φ des Kolbens (Kolbenfläche A_K) freigegebenen Volumen:

$$V_Z(\varphi) = V_c + A_K \cdot s_\varphi \qquad\qquad \text{Gl. A.38}$$

Das Kompressionsvolumen V_c lässt sich aus dem Hubvolumen eines Zylinders V_h und dem Verdichtungsverhältnis ε mit

$$V_c = \frac{V_h}{\varepsilon - 1} \qquad\qquad \text{Gl. A.39}$$

berechnen. Abhängig von der momentanen Stellung der Kurbellwelle φ in Grad Kurbelwinkel ($^\circ KW$) gilt mit dem Radius der Kurbelwelle r und der Pleuelstangenlänge l für den Kolbenweg s_φ:

$$s_\varphi = r \cdot \left(1 + \frac{l}{r} - cos\varphi - \frac{l}{r} \cdot \sqrt{1 - \left(\frac{r}{l}\right)^2 \cdot sin^2\varphi} \right) \qquad \text{Gl. A.40}$$

Mit dem Pleuelstangenverhältnis λ_S

$$\lambda_S = \frac{r}{l} \qquad\qquad \text{Gl. A.41}$$

kann das Brennraumvolumen in Abhängigkeit vom momentanen Kurbelwinkel mit

$$V_Z = V_c + A_K \cdot r \cdot \left[(1 - cos\varphi) + \frac{1}{\lambda_S} \cdot \left(1 - \sqrt{1 - \lambda_S^2 \cdot sin^2\varphi} \right) \right] \qquad \text{Gl. A.42}$$

berechnet werden.

A.16 Modellierung der Abgastemperatur vor Turbine

Regressionsanalyse

Ziel einer Regressionsanalyse ist es mathematisch den gerichteten Wirkzusammenhang zwischen verschiedenen Ein- und Ausgangsgrößen theoretischer Modelle zu beschreiben. Modelle abstrahieren vereinfacht die Realität, weswegen

eine fehlerfreie Modellierung unmöglich ist. Es wird versucht die systematischen Zusammenhänge zwischen den erklärenden Variablen u_i und den inter-
essierenden Variablen y_i zu beschreiben. Bei einer Abhängigkeit der interes-
sierenden Größe von mehreren erklärenden Variablen wird die Regression als
multiple Regression bezeichnet. Da nicht alle erklärenden Variablen berücksichtigt werden können und in der Realität weitere Einflüsse eine Rolle spie-
len, entstehen Abweichungen zwischen den beobachteten und den durch das
Modell geschätzten Variablen. Diese stochastischen Abweichungen werden
als Residuen e und die Koeffizienten a als Regressionsparameter bezeichnet.
Bei einem linearen Zusammenhang gilt allgemein für die Regressionsfunktion
[46]:

$$y = \hat{y} + e$$
$$= Ua + e \qquad \text{Gl. A.43}$$

Die Linearität bezieht sich dabei auf die Parameter, weswegen sich die Regressionsfunktion in allgemeiner Form mittels Matrizen und Vektoren darstellen
lässt:

$$
\begin{pmatrix} y_1 \\ \vdots \\ y_t \\ \vdots \\ y_n \end{pmatrix}
=
\begin{pmatrix}
1 & u_{11} & \dots & u_{1p} \\
\vdots & \vdots & \ddots & \vdots \\
1 & u_{t1} & \dots & u_{tp} \\
\vdots & \vdots & \ddots & \vdots \\
1 & u_{n1} & \dots & u_{np}
\end{pmatrix}
\begin{pmatrix} a_0 \\ \vdots \\ a_i \\ \vdots \\ a_p \end{pmatrix}
+
\begin{pmatrix} e_1 \\ \vdots \\ e_t \\ \vdots \\ e_n \end{pmatrix}
\qquad \text{Gl. A.44}
$$

Methode der kleinsten Quadrate
Ziel der Regressionsanalyse ist es nun die unbekannten Regressionsparameter
a zu schätzen. Anhand von Stichproben wird dabei versucht auf ein Abbild
der Grundgesamtheit zu schließen. Ein Verfahren, die Parameter so zu wäh-
len, dass das Modell die intressierende Größe bestmöglich beschreibt, ist die
Methode der kleinsten Quadrate. Bei diesem Schätzverfahren werden die Koeffizienten so bestimmt, dass die Summe der quadrierten Residuen minimal
wird:

$$\hat{e}(\hat{a}) = (y - U\hat{a}) \qquad \text{Gl. A.45}$$
$$\hat{e}(\hat{a})^T \hat{e}(\hat{a}) = \min \qquad \text{Gl. A.46}$$

Notwendiges Kriterium für einen Extremwert ist, dass an dessen Stelle die erste Ableitung Null ist. Damit die Summe der quadrierten Residuen minimal wird, gilt es

$$
\begin{aligned}
S(\hat{a}) &= \hat{e}(\hat{a})^T \hat{e}(\hat{a}) \\
&= (y - U\hat{a})^T (y - U\hat{a}) \\
&= y^T y - 2\hat{a}^T U^T y + \hat{a}^T U^T U \hat{a} = \min
\end{aligned}
$$

Gl. A.47

abzuleiten und zu Null zu setzen:

$$
\frac{\partial S}{\partial \hat{a}} = -2U^T y + 2U^T U\hat{a} \overset{!}{=} 0
$$

Gl. A.48

Aufgelöst auf die *Normalgleichungen*

$$
U^T y = U^T U \hat{a}
$$

Gl. A.49

ergibt sich ein lineares Gleichungssystem, welches eindeutig gelöst werden kann:

$$
\begin{aligned}
\sum_{t=1}^{n} y_t &= \hat{a}_0 n & &+ \hat{a}_1 \sum_{t=1}^{n} u_{t1} + \ldots & &+ \hat{a}_p \sum_{t=1}^{n} u_{tp} \\
\sum_{t=1}^{n} u_{t1} y_t &= \hat{a}_0 \sum_{t=1}^{n} u_{t1} & &+ \hat{a}_1 \sum_{t=1}^{n} u_{t1}^2 + \ldots & &+ \hat{a}_p \sum_{t=1}^{n} u_{t1} u_{tp} \\
&\vdots \\
\sum_{t=1}^{n} u_{tp} y_t &= \hat{a}_0 \sum_{t=1}^{n} u_{tp} & &+ \hat{a}_1 \sum_{t=1}^{n} u_{tp} u_{t1} + \ldots & &+ \hat{a}_p \sum_{t=1}^{n} u_{tp}^2
\end{aligned}
$$

Gl. A.50

Die Lösung dieses Gleichungssystems wird als *Kleinst-Quadrate Schätzung* für *a* bezeichnet. Mit der Inversen von $U^T U$ lässt sich das Gleichungssystem nach dem *Kleinst-Quadrate Schätzer* auflösen:

$$
\hat{a} = (U^T U)^{-1} U^T y
$$

Gl. A.51

Damit der Extremwert ein Minimum darstellt, muss die hinreichende Bedingung erfüllt sein, dass die zweite Ableitung von Gleichung A.47 größer Null ist:

$$
\frac{\partial^2 S}{\partial \hat{a}^2} = 2U^T U > 0
$$

Gl. A.52

Modellparameter

Tabelle A.17: Modellparameter des rationalen Polynoms

Koeffizient	a_0	a_1	a_2	a_3	a_4
Wert	$-23943,86$	$20,47$	$4676,62$	$25233,67$	$23477,67$
Koeffizient	a_5	a_6	a_7	a_8	a_9
Wert	$19123,79$	$-3,97$	$-21,12$	$-19,35$	$-15,53$
Koeffizient	a_{10}	a_{11}	a_{12}	a_{13}	a_{14}
Wert	$-4543,78$	$-4249,11$	$-3338,54$	$-24915,82$	$-18249,94$
Koeffizient	a_{15}	a_{16}	a_{17}	a_{18}	a_{19}
Wert	$-18413,18$	$3,93$	$3,68$	$2,93$	$20,86$
Koeffizient	a_{20}	a_{21}	a_{22}	a_{23}	a_{24}
Wert	$15,07$	$15,09$	$4268,14$	$2778,99$	$2741,38$
Koeffizient	a_{25}	a_{26}	a_{27}	a_{28}	a_{29}
Wert	$17801,62$	$-2337,751$	$-14,77$	$-2,57$	$-2,55$
Koeffizient	a_{30}	a_{31}			
Wert	$-3,77$	$2,29$			

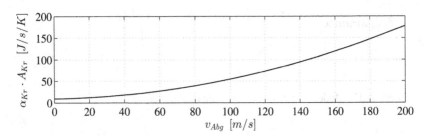

Abbildung A.9: Kalibrierung Wandwärmeübergang im Abgaskrümmer im transienten Betrieb

Tabelle A.18: Kalibrierung Wandmodell

c_p	$1230\,[J/kg/K]$
$L_{W,Kr}$	$38\,[mm]$

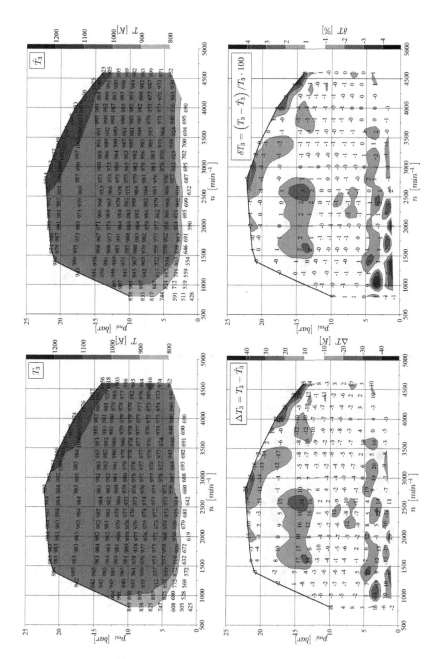

Abbildung A.10: Gemessene und modellierte Abgastemperaturen bei einer Kühlwassertemperatur von 50°C

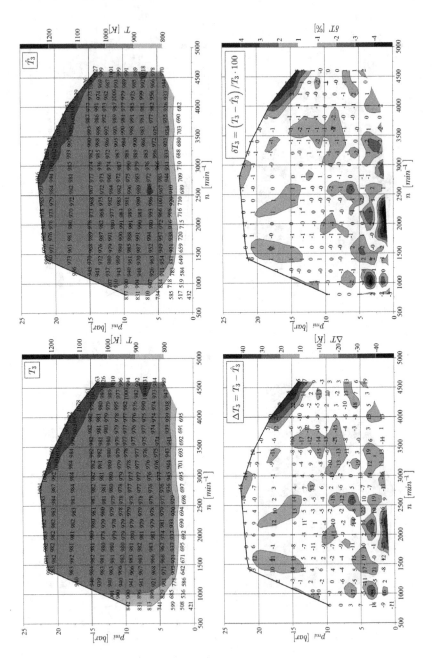

Abbildung A.11: Gemessene und modellierte Abgastemperaturen bei einer Kühlwassertemperatur von 75°C

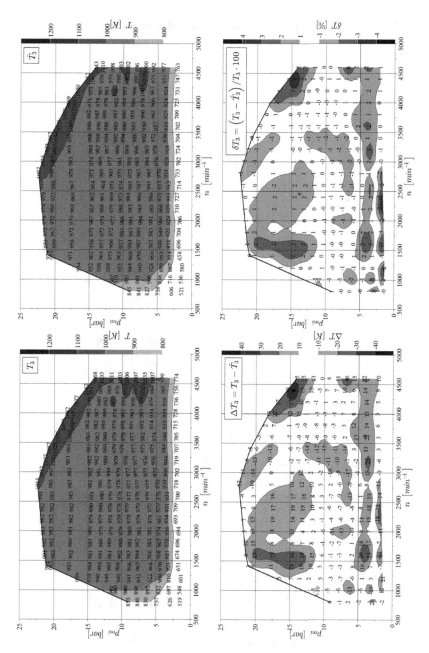

Abbildung A.12: Gemessene und modellierte Abgastemperaturen bei einer Kühlwassertemperatur von 95°C

A.17 Verifizierung des Abgastemperaturmodells

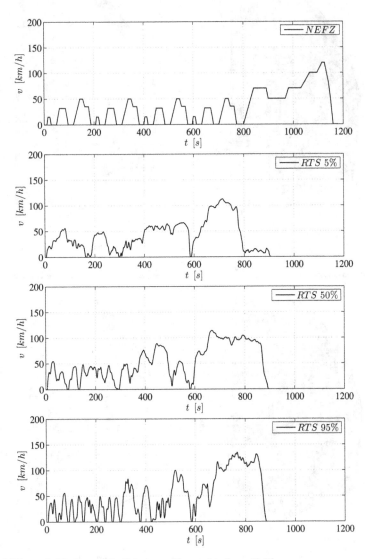

Abbildung A.13: Geschwindigkeitsprofil verschiedener Zyklen

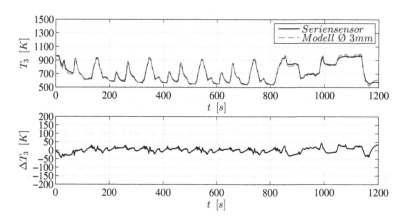

Abbildung A.14: Abgastemperaturverlauf T_3 beim NEFZ

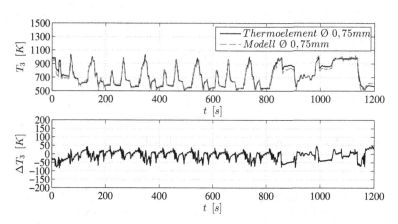

Abbildung A.15: Abgastemperaturverlauf T_3 beim NEFZ

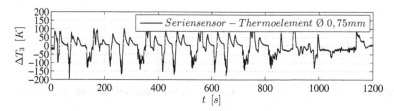

Abbildung A.16: Abweichung der gemessenen Abgastemperatur zwischen Serien-sensor und Thermoelement ΔT_3 beim NEFZ

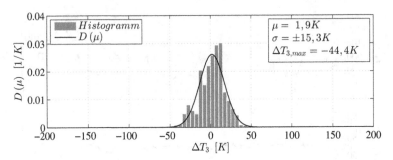

Abbildung A.17: Statistische Auswertung der Modellierung mit $d = 3mm$ beim NEFZ

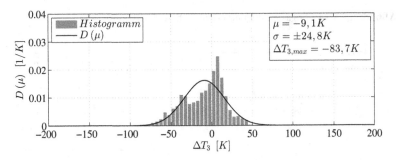

Abbildung A.18: Statistische Auswertung der Modellierung mit $d = 0,75mm$ beim NEFZ

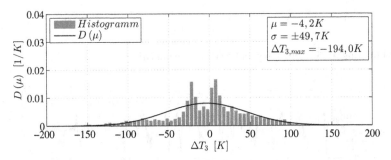

Abbildung A.19: Statistische Auswertung der Seriensensorabweichung im NEFZ

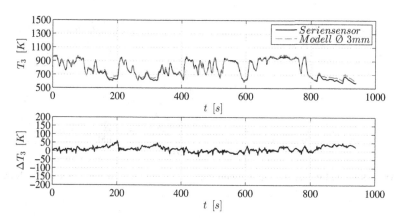

Abbildung A.20: Abgastemperaturverlauf T_3 beim RTS 5%

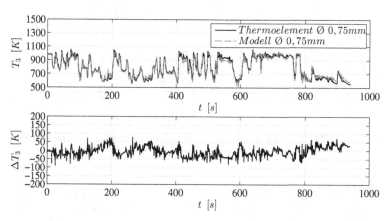

Abbildung A.21: Abgastemperaturverlauf T_3 beim RTS 5%

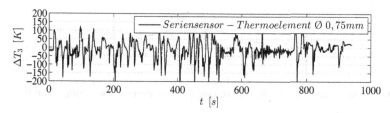

Abbildung A.22: Abweichung der gemessenen Abgastemperatur zwischen Seriensensor und Thermoelement ΔT_3 beim RTS 5%

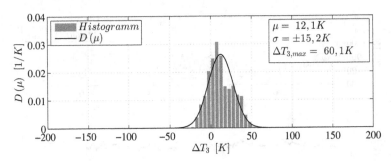

Abbildung A.23: Statistische Auswertung der Modellierung mit $d = 3mm$ beim RTS 5%

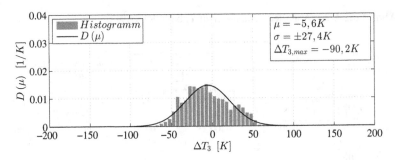

Abbildung A.24: Statistische Auswertung der Modellierung mit $d = 0,75mm$ beim RTS 5%

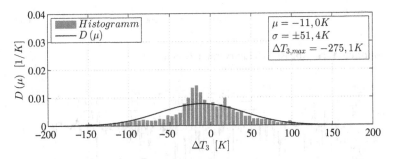

Abbildung A.25: Statistische Auswertung der Seriensensorabweichung beim RTS 5%

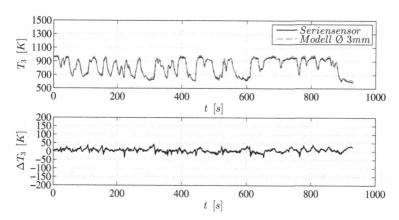

Abbildung A.26: Abgastemperaturverlauf T_3 beim RTS 50%

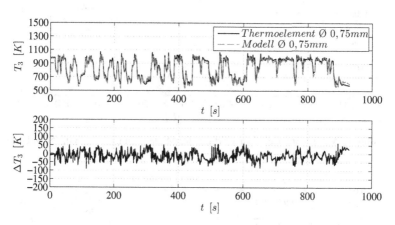

Abbildung A.27: Abgastemperaturverlauf T_3 beim RTS 50%

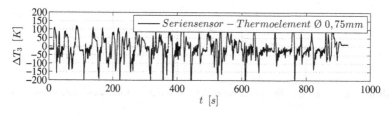

Abbildung A.28: Abweichung der gemessenen Abgastemperatur zwischen Seriensensor und Thermoelement ΔT_3 beim RTS 50%

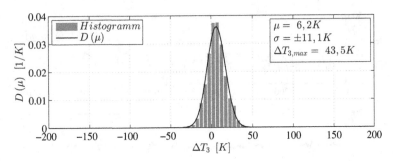

Abbildung A.29: Statistische Auswertung der Modellierung mit $d = 3mm$ beim RTS 5%

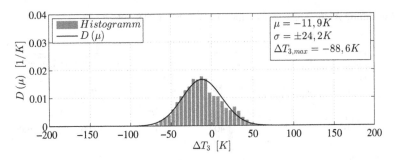

Abbildung A.30: Statistische Auswertung der Modellierung mit $d = 0,75mm$ beim RTS 50%

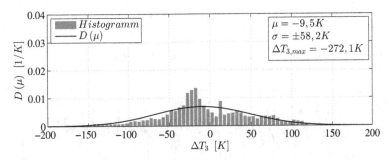

Abbildung A.31: Statistische Auswertung der Seriensensorabweichung beim RTS 50%

A.18 Modellierung virtueller Druckverlauf

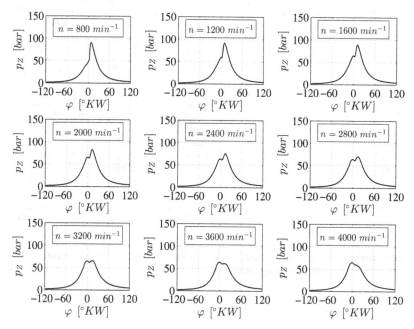

Abbildung A.32: Brennraumdruck p_Z bei einer Drehzahlvariation aus einer 1D Verbrennungssimulation

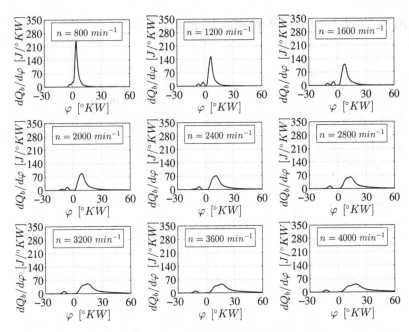

Abbildung A.33: Brennverläufe $dQ_b/d\varphi$ bei einer Drehzahlvariation aus einer 1D Verbrennungssimulation

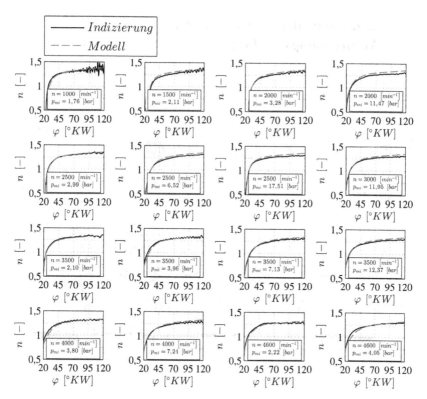

Abbildung A.34: Verifizierung der Polytropenexponentenapproximation

A.19 Erprobung der modellbasierten Verbrennungsregelung

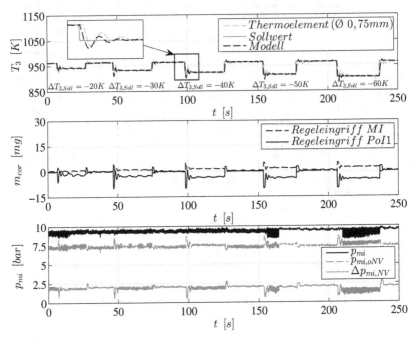

Abbildung A.35: Größen der modellbasierten Abgastemperaturregelung bei einer Sollwertvariation im stationären Motorbetrieb

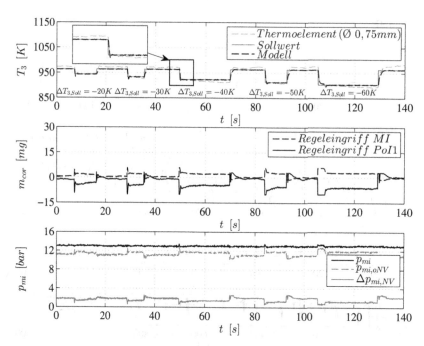

Abbildung A.36: Modellbasierte Abgastemperaturregelung mit angepasstem P-
Verhalten bei einer Sollwertvariation im stationären Motorbetrieb

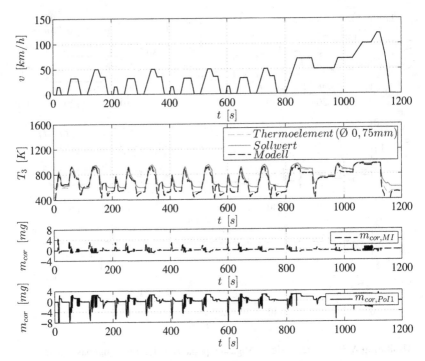

Abbildung A.37: Modellbasierte Abgastemperaturregelung im NEFZ

Printed in the United States
By Bookmasters